绿美广东
主要乡土树种

主编 ◎ 龙永彬　何春梅　苏凌业　郑会全

中国林业出版社
CFPH China Forestry Publishing House

图书在版编目（CIP）数据

绿美广东主要乡土树种 / 龙永彬等主编. -- 北京 :
中国林业出版社，2024. 12. -- ISBN 978-7-5219-3093-1

Ⅰ. S79

中国国家版本馆CIP数据核字第2024AN3491号

责任编辑　于界芬　于晓文

出版发行　中国林业出版社
（100009，北京市西城区刘海胡同7号，电话 010-83143549）
电子邮箱　cfphzbs@163.com
网　　址　https://www.cfph.net
印　　刷　北京盛通印刷股份有限公司
版　　次　2024年12月第1版
印　　次　2024年12月第1次印刷
开　　本　787mm×1092mm　1/16
印　　张　12.75
字　　数　300千字
定　　价　108.00元

《绿美广东主要乡土树种》

编委会

主　编： 龙永彬　何春梅　苏凌业　郑会全

副主编： 蔡燕灵　徐煲铧　徐明锋　高　婕

编　委：（按姓氏拼音顺序）

蔡燕灵　曹广华　高　婕　高常军　何春梅　黄　荣　黄芳芳
梁　庆　廖思溢　龙永彬　欧嘉慧　苏凌业　伍观娣　肖石红
谢佩吾　徐煲铧　徐明锋　杨晓慧　郑会全　朱报著　邹奕华

摄　影：

何春梅　曾云保　童毅华　梁　庆　郑会全　钟智明　夏　静
曾佑派　邓双文　徐煲铧　许东先　高　婕　朱报著　徐　放
连辉明　邱祖械　曾　明　张开文　袁华炳

PREFACE 前言

乡土树种是指适应于特定地区，历史上自然分布或土生土长的原生树种，也称为“本地树种”。在漫长的历史演化和自然选择后，乡土树种显然已进化出适应当地生境条件的遗传和性状特征，且成为支撑当地生态环境质量、生态平衡和生物多样性的主要贡献者。乡土树种还往往被赋予了地域文化内涵，成为人们表达乡土情怀、表现乡土风情风貌的重要载体，一些乡土树种还发挥了极大的经济价值，成为当地居民的“摇钱树”。

建设美丽中国是全面建设社会主义现代化国家的重要目标，是实现中华民族伟大复兴的重要内容。习近平总书记在二十大报告中指出，推动绿色发展，促进人与自然和谐共生。为深入贯彻习近平生态文明思想，牢固树立和践行绿水青山就是金山银山的理念，2022 年 12 月 8 日，中国共产党广东省第十三届委员会第二次全体会议通过《中共广东省委关于深入推进绿美广东生态建设的决定》（以下简称“决定”），南粤大地奋力书写绿美广东生态建设新篇章。广东林业人是生态建设的排头兵，《广东省森林质量精准提升行动方案（2023—2035 年）》《广东省森林质量精准提升行动技术指南》应令“决定”印发，明确提出，2023—2035 年全省将完成森林质量精准提升总任务 4626 万亩，其中林分优化提升 1565 万亩，森林抚育提升 3061 万亩，使全省森林质量大幅度提升，森林结构更加优化，单位面积森林生物量增量及碳汇能力进入全国前列，多树种、多层次的地带性森林群落成为南粤秀美山川的靓丽底色。因此，乡土树种的选择和应用成为推进绿美广东生态建设森林质量精准提升的关键一环。

本书是在广东省林业局组织开展的全省林木种质资源调查工作最新成果基础上，结合《广东省主要乡土树种名录》，以满足绿美广东生态建设所需，以充分挖掘乡土树种的生态、经济和社会价值为原则，系统介绍适于绿美广东生态建设的主要乡土树种的一本著作。书中收录的乡土树种共186种，隶属于57科128属，采用最新分类系统排序，其中有28种属于国家或省级重点保护野生植物，所列乡土树种均在广东有野生分布，具有材用、药用、观赏等经济价值，有大面积人工种植或在植物园、林场、保护区等地少量栽培且具开发利用前景，适用于广东省荒山绿化、平原造林、城市园林建设、乡村风貌提升、通道绿化及水系周边的植被恢复等方面。本书重点介绍其用途及价值，同时为了便于实际应用与推广，还列出了当前用种用苗的来源。

本书的编写得到了邢福武研究员、杨锦昌研究员、童毅华副研究员、黄华毅副研究员等人的建议和指导。本书可读性强，对从事国土绿化建设、森林结构优化与质量提升等方面的工程技术人员，以及从事乡土树种保育与开发利用、自然宣教工作的科研、教学和树木管理工作者都有适用的参考价值。由于本书编者收集到的信息有限，书中难免存在不足和疏漏，敬请读者和同行不吝指正。

本书的出版得到广东省林业局自然资源事务专项资金项目“广东省林木种质资源调查”（GDZZDC20228701）的资助，在此表示感谢。

编　者

2024年9月

CONTENTS 目录

银杏（白果、公孙树）

Ginkgo biloba L.

科名　银杏科

属名　银杏属

形态特征：落叶乔木。树皮深纵裂，粗糙。雌雄异株，雌株的大枝条常较雄株开展，枝分长短枝。叶在 1 年生长枝上螺旋状排列，在短枝上簇生，叶扇形，有多数叉状分枝细脉，叶顶端波状缺刻或 2 裂，叶柄长 3~10 厘米。雄球花柔荑花序状，下垂；雌球花具长梗，梗端常分两叉。种子核果状，椭圆形，长 2.5~3 厘米，直径约 2 厘米，成熟时黄色或橙黄色，外被白粉，外种皮肉质，中种皮骨质，内种皮膜质。花期 3~4 月，种子 9~10 月成熟。

野生分布及生境：南雄有野生分布。清远、韶关以及和平等山区县有栽培。

树种特性及适宜环境：慢生树种，寿命极长。喜光，耐干旱、寒冷。对土壤的适应性较强，可以在多种土壤类型中生长，包括沙质土、壤土和黏土。

适宜区域及绿化类型：粤北适合荒山、平原、城市、乡村和通道绿化。

用途及价值：边材淡黄色，心材淡黄褐色，结构致密，材质轻软，富有弹性，易加工，有光泽，不易开裂，为优良木材，供建筑、雕刻、乐器等用。种子供食用（多食易中毒）及药用。树形优美，春夏季叶色嫩绿，秋季变黄色，颇为美观，可作庭园树及行道树。

长叶竹柏（桐木树）

Nageia fleuryi (Hickel) de Laub.

科名 罗汉松科

属名 竹柏属

形态特征： 常绿乔木。侧枝与主干呈直角平展。叶交叉对生，宽披针形，质地厚，无中脉，有多数并列的细脉，长 8~18 厘米，宽 2~5 厘米，顶端渐尖，基部楔形，收窄成扁平的短柄。雌雄异株。种子圆球形，直径 1.5~2 厘米，成熟时假种皮蓝紫色。花期 3~4 月，种子 10~11 月成熟。

野生分布及生境： 广州、惠州以及阳西、阳春、高要。散生于常绿阔叶树林中，少见。

树种特性及适宜环境： 喜湿润，耐阴但不耐寒。喜呈酸性的沙壤土。

适宜区域及绿化类型： 广东适合城市、乡村和通道绿化。

用途及价值： 材质优良，可作上等家具、建筑、造船、文具等用材。种子含油率约 30%，精炼后可食用或工业用。宜作行道树及于庭园列植、对植、丛植配置，或在幼龄期作室内盆栽观赏，又可作风景区、城市生态林和防护林混交树种。

保护等级： 广东省重点保护野生植物。

竹柏

Nageia nagi (Thunb.) Kuntze

科名 罗汉松科

属名 竹柏属

形态特征：常绿乔木。枝条开展或伸展。叶对生，革质，长卵形、卵状披针形或披针状椭圆形，长 3.5~9 厘米，宽 1.5~2.5 厘米，有多数并列的细脉，无中脉。雌雄异株。种子核果状，圆球形，直径 1.2~1.5 厘米，成熟时假种皮暗紫色，有白粉。花期 3~4 月，种子 10 月成熟。

野生分布及生境：清远、梅州、韶关以及廉江、电白、信宜、台山、罗定、郁南、怀集、从化、龙门、和平、连平。散生于常绿阔叶树林中，少见。

树种特性及适宜环境：喜阴，喜潮湿，耐高温但不耐寒冷。对土壤要求不高。

适宜区域及绿化类型：广东适合平原、城市、乡村和通道绿化。

用途及价值：木材纹理通直、细密，加工性能好，干燥后不变形不开裂，切口平滑，年轮美观，是雕刻及制作家具、胶合板的优良用材。优美的观赏树木，常作为景观树和行道树。

罗汉松

Podocarpus macrophyllus (Thunb.) Sweet

科名　罗汉松科

属名　罗汉松属

形态特征：常绿乔木。叶螺旋状着生，条状披针形，微弯，长 7~12 厘米，宽 7~10 毫米，顶端尖，基部楔形，中脉显著隆起。雄球花穗状，常 3~5 个簇生于极短的总梗上；雌球花单生叶腋。种子卵圆形，直径约 1 厘米，成熟时肉质假种皮紫黑色，有白粉，种托肉质圆柱形，红色或紫红色。花期 4~5 月，种子 8~9 月成熟。

野生分布及生境：阳春、高要、英德、连山、博罗、潮安、饶平、乳源、仁化。生于海拔 200~1000 米的山地林中，少见。

树种特性及适宜环境：喜温暖湿润气候，耐阴，不耐寒。喜沙质壤土，对土壤适应性强。

适宜区域及绿化类型：广东适合平原、城市、乡村和通道绿化。

用途及价值：材质细致均匀，易加工，可作家具、器具、文具及农具等用。树形古朴优雅，通常栽培于庭院作观赏树。

保护等级：国家二级保护野生植物。

百日青

Podocarpus neriifolius D. Don

科名　罗汉松科

属名　罗汉松属

形态特征： 常绿乔木。树皮灰褐色，片状浅纵裂。叶厚革质，螺旋状着生，披针形，常微弯，长 7~15 厘米，宽 9~13 毫米，顶端具渐尖的长尖头，基部楔形。雄球花穗状，单生或 2~3 个簇生。种子卵球形，长 8~16 毫米，成熟时肉质假种皮紫红色，肉质种托橙红色。花期 5 月，种子 10~11 月成熟。

野生分布及生境： 阳江、清远、韶关以及信宜、罗定、封开、怀集、龙门、和平、连平。生于海拔 400~1200 米的山地林中，少见。

树种特性及适宜环境： 半喜光，较耐阴，稍耐干旱、瘠薄。

适宜区域及绿化类型： 广东适合荒山、城市、乡村和通道绿化。

用途及价值： 木材黄褐色，纹理直，结构细密，硬度中等，易加工旋切，可作家具、乐器、文具及雕刻等用材。树姿优美，可作庭院绿化树种。

保护等级： 国家二级保护野生植物。

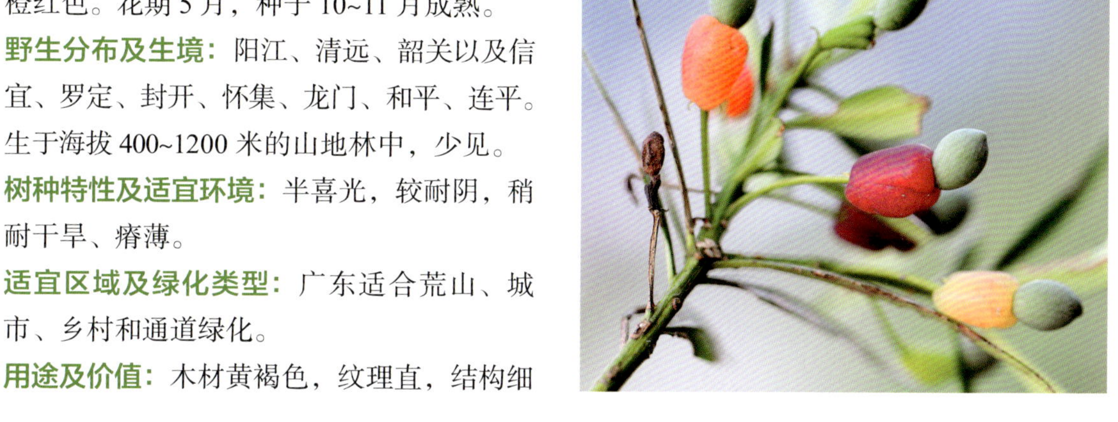

福建柏

Chamaecyparis hodginsii (Dunn) Rushforth

科名 柏科

属名 扁柏属

形态特征： 常绿乔木。树皮紫褐色，浅纵裂。长鳞叶的小枝呈扁平状，排成一平面；鳞叶交互对生，呈节状，通常长4~7毫米，宽1~1.2毫米，上面蓝绿色，下面中脉隆起，两侧具凹陷的白色气孔带，侧面的叶对折，近长椭圆形，斜展。雄球花和球果近球形，球果成熟时褐色。种鳞顶部多角形，种子顶端尖，有两个大小不等的翅。花期3~4月，种子翌年10~11月成熟。

野生分布及生境： 清远、韶关以及阳春。生于海拔1000米左右的山地林中，少见。

树种特性及适宜环境： 喜温暖湿润气候。在中等肥力以上的酸性至强酸性黄壤和红黄壤中生长较好，具有一定的耐旱性和耐贫瘠性。

适宜区域及绿化类型： 粤北适合荒山和乡村绿化。

用途及价值： 适应性强，山地栽植成活率高。木材的边材淡黄色，心材黄褐色，纹理细致，坚实耐用，易加工，是装修装饰、工艺雕刻以及家具等的优良用材。叶常绿，干型优美，可供园林绿化用。

保护等级： 国家二级保护野生植物。

杉木

Cunninghamia lanceolata (Lamb.) Hook.

科名 柏科
属名 杉木属

形态特征： 常绿乔木。树皮裂成长条片脱落，大枝平展；花芽圆球形、较大。叶披针形或条状披针形，通常微弯，呈镰状，革质，长2~6厘米，宽3~5毫米，边缘有细齿，有气孔带。雄球花圆锥状，通常40余个簇生枝顶；雌球花单生或2~4个集生，绿色，苞鳞横椭圆形。球果卵圆形，成熟时苞鳞革质，棕黄色。花期3~4月，球果10月下旬成熟。

野生分布及生境： 广东山区县广布。生于山地林中，常见。

树种特性及适宜环境： 喜温暖潮湿，耐阴，不耐寒。对土壤要求不高，可作为贫瘠山地的先锋造林树种。

适宜区域及绿化类型： 粤北、粤东、粤西适宜荒山和平原绿化。

用途及价值： 木材黄白色，有时心材带淡红褐色，质较软，细致，有香气，纹理直，易加工，比重0.38，耐腐力强，不受白蚁蛀食，可供建筑、桥梁、造船、矿柱、木桩、电杆、家具及木纤维工业原料等用。树皮含单宁。

用种来源： 小坑林场杉木2.5代种子园种子、小坑林场杉木第3代种子园种子、龙山林场杉木二代种子园种子、杉木家系（GD11001、GD11002、GD11006、GD11012、GD11024、GD11066、GD11070、GX10004、GD11049、GD12001、GD13003、GD13014、GD14011、GD15008、GD15010、GD71006、GX10002、GX10003、GZ11001、GD2015、GD2019、GD2021、GD2023、GD2025、GD2028）、杉木杂交家系（GD2035、GD2037、GD2408、GD2409）、乐昌油杉家系GD2429，以及国家或省级品种审定委员会更新推荐的审（认）定良种等。

柏木

Cupressus funebris Endl.

科名 柏科

属名 柏木属

形态特征：常绿乔木。小枝细长下垂，生鳞叶的小枝扁平，排成一平面，两面同形，较老的小枝圆柱形。鳞叶长 1~1.5 毫米，顶端锐尖，中央的叶背部有线状腺点，两侧的叶对折，瓦覆于中央叶的边缘，背部有棱脊。球果球形，直径 0.8~1.2 厘米。种鳞 4 对，顶端为不规则的五边形或方形，发育种鳞具 5~6 粒种子；种子近圆形，长约 2.5 毫米，边缘有窄翅。花期 3~5 月，种子翌年 5~6 月成熟。

野生分布及生境：清远、河源、韶关。多生于石灰岩地区，常见。

树种特性及适宜环境：酸性、中性、微酸性及钙质土上均能生长，尤以在石灰岩山地生长良好，石灰岩山地造林优良树种。

适宜区域及绿化类型：粤北适合石漠化治理，荒山、矿山、乡村和通道绿化。

用途及价值：心材黄褐色，边材淡褐黄色或淡黄色，纹理直，结构细，质稍脆，耐水湿，抗腐性强，有香气。可供建筑、造船、车厢、器具、家具等用材。枝叶可提取芳香油。枝叶浓密，树冠优美，可作庭园树种。

水松

Glyptostrobus pensilis (Staunton ex D. Don) K. Koch

科名 柏科

属名 水松属

形态特征： 半常绿乔木。树皮纵裂成不规则的长条片。枝条稀疏，大枝近平展。叶多型：鳞叶较厚，长约 2 毫米，冬季不脱落；条形叶扁平而薄，常二列；条状钻形叶两侧扁，辐射伸展或列成三列状；条形叶及条状钻形叶均于冬季连同侧生短枝一同脱落。球果倒卵圆形。种鳞大小不等。花期 1~2 月，球果 10~12 月成熟。

野生分布及生境： 江门、佛山、广州、珠海、深圳、惠州以及高州、四会、广宁、怀集、封开、德庆、平远等地。生于沼泽、河边的潮湿地。

树种特性及适宜环境： 喜光，喜温暖湿润的气候及水湿的环境，耐水湿，不耐低温。对土壤的适应性较强，除盐碱土之外，其他各种土壤上均能生长，以水分较多的冲积土上生长良好。

适宜区域及绿化类型： 粤西、珠三角适合乡村、通道和内陆水系绿化。

用途及价值： 木材淡红黄色，材质轻软，纹理细，耐水湿，可供建筑、桥梁、家具等用材。根部木质松软，浮力大，可作救生圈、瓶塞等软木用具。球果、树皮含单宁，可提取栲胶。根系发达，可栽于河边、堤旁，作固堤护岸和防风之用。树形优美，可作庭园树种。

保护等级： 国家二级保护野生植物。

圆柏

Juniperus chinensis L.

科名 柏科

属名 刺柏属

形态特征：常绿乔木。树皮条片纵裂，树冠圆锥形。叶二型，鳞叶长 2.5~5 毫米，刺叶三叶交互轮生，长 6~12 毫米；幼龄树全为刺叶，老龄树全为鳞叶，而壮龄树则两种叶均有。雌雄异株，雄球花黄色，椭圆形。球果近圆球形，成熟时暗褐色，被蜡粉。种子卵圆形，扁，顶端钝，有棱脊及少数树脂槽。花期 3~4 月，球果翌年 10~11 月成熟。

野生分布及生境：江门以及封开、仁化。生于中性土、钙质土及微酸性土上，少见。

树种特性及适宜环境：喜光，喜温凉，耐寒、耐热，较耐阴、耐旱，忌积水。在中性、酸性及石灰质土壤上均可生长。

适宜区域及绿化类型：粤北适合石漠化治理，荒山、矿山、城市、乡村和通道绿化。

用途及价值：心材淡褐红色，边材淡黄褐色，有香气，坚韧致密，耐腐力强，可作房屋建筑、家具、文具及工艺品等用材。树根、树干及枝叶可提取柏木脑的原料及柏木油。枝叶入药，能祛风散寒、活血消肿、利尿。种子可提取润滑油。为普遍栽培的庭园树种。

11 南方红豆杉

Taxus wallichiana var. *mairei* (Lemée & H. Lév.) L. K. Fu & Nan Li

科名　红豆杉科

属名　红豆杉属

形态特征：常绿乔木。小枝不规则互生。叶螺旋状着生，基部扭转排成 2 列，条形或近镰状，通常微弯，长 2~3.5 厘米，宽 3~4 毫米；叶背面沿中脉两侧有两条气孔带。花雌雄异株，球花单生叶腋。种子扁卵圆形，生于杯状红色肉质的假种皮中，种脐明显。花期 4~5 月，种子 10~12 月成熟。

野生分布及生境：清远、韶关以及怀集等地。自然生长在海拔 700 米以上的山地、山谷、溪边、缓坡等腐殖质丰富的酸性土壤中，少见。

树种特性及适宜环境：喜温暖阴湿环境，耐阴，耐干旱瘠薄，不耐低洼积水。酸性土、中性土、钙质土均能生长。

适宜区域及绿化类型：粤北适合荒山、城市、乡村和通道绿化。

用途及价值：树形秀丽，叶色翠绿，秋季满树挂满娇艳欲滴的红色假果，极为美观，为优美的庭园观赏树种。木材坚实耐用，干后少开裂，可供建筑、车辆、家具、器具、农具及文具等用材。干燥枝叶可入药，有效成分紫杉醇为重要的抗肿瘤药物。

保护等级：国家一级保护野生植物。

12 江南油杉

Keteleeria fortunei var. *cyclolepis* (Flous) Silba

科名 松科

属名 油杉属

形态特征：常绿乔木。树皮灰褐色，不规则纵裂。叶条形，在侧枝上排列成两列，长1.5~4厘米，宽2~4厘米，顶端圆钝或微凹，上面亮绿色，下面通常无气孔线，间或有粉白色气孔线，被白粉或白粉不明显；幼树及萌生枝有密毛，叶较长。球果圆柱形或椭球状圆柱形，长7~15厘米。中部的种鳞常呈斜方形或斜方状圆形。花期3月，种子10月成熟。

野生分布及生境：高要、和平、乐昌、南雄。常生长于海拔340~1400米的山地，少见。

树种特性及适宜环境：喜光，喜温暖，稍耐寒，喜温暖多雨的酸性红壤或黄壤地，耐干旱瘠薄。

适宜区域及绿化类型：广东适合荒山、乡村和通道绿化。

用途及价值：生长较快，木材坚实，纹理直，有光泽，可作优良的用材树种。树姿雄伟，枝繁叶茂，球果硕大，有很高的观赏价值，适宜于园林、旷野栽培。根皮可入药，有透疹、消肿、接骨等功效。

保护等级：国家二级保护野生植物。

13 华南五针松（广东松）

Pinus kwangtungensis Chun ex Tsiang

科名 松科

属名 松属

形态特征：常绿乔木。幼树树皮光滑，老树树皮褐色，厚，不规则鳞片状脱落。针叶5针一束，长3.5~7厘米，边缘疏生细锯齿，仅腹面每侧有4~5条白色气孔线。球果圆柱形或圆柱状卵形，长4~9厘米，成熟时红褐色。种鳞楔状倒卵形，长2.5~3.5厘米，鳞盾菱形；种子椭圆形或倒卵形，连种翅与种鳞近等长。花期4~5月，种子翌年10月成熟。

野生分布及生境：清远以及乳源、乐昌。生于海拔700~1600米的山地林中，常见。

树种特性及适宜环境：喜光，喜生于气候温湿、雨量多、土壤深厚、排水良好的酸性土及多岩石的山坡与山脊上，常与阔叶树及针叶树混生。

适宜区域及绿化类型：粤北适宜荒山、乡村和通道绿化。

用途及价值：树态古雅美观，可作绿化树种，亦是中国和北亚的优良造林树种。其叶似日本五针松，可以通过嫁接繁殖的方式培育华南五针松盆景，以供观赏。木材质轻耐用，结构细密，具树脂，耐腐，可作建筑、枕木、矿柱、家具等良材；亦可提取松脂。

保护等级：国家二级保护野生植物。

14 木莲

Manglietia fordiana Oliv.

科名 木兰科

属名 木莲属

形态特征：常绿乔木。叶革质，狭倒卵形、狭椭圆状倒卵形或倒披针形，长 8~17 厘米，宽 2.5~5.5 厘米，顶端短急尖，基部楔形；托叶痕半椭圆形。花单生枝顶；花被片 9，外轮 3 片较薄，凹入，长圆状椭圆形，长 6~7 厘米，宽 3~4 厘米，内两轮稍小，白色，常肉质，倒卵形。聚合果卵球形；蓇葖具喙。种子红色。花期 5 月，果期 10 月。

野生分布及生境：广东各地山区广布。生于海拔 1300 米以下的山地林中，少见。

树种特性及适宜环境：幼年耐阴，后喜光；喜温暖湿润气候及肥沃酸性土壤，在低海拔干热地方生长不良。

适宜区域及绿化类型：广东适合荒山、城市、乡村和通道绿化。

用途及价值：树干通直高大，其木材纹理美观，是建筑、家具的优良用材。树姿优美，枝叶浓密，花大芳香，果实鲜红，也是园林观赏的优良树种。果及树皮入药，治便秘和干咳。

15 厚叶木莲

Manglietia pachyphylla Hung T.Chang

科名 木兰科

属名 木莲属

形态特征： 常绿乔木。树皮灰黑色。小枝粗壮，被白粉。芽具长柔毛。叶厚革质，倒卵状椭圆形或倒卵状长圆形，长 12~32 厘米，宽 6~10 厘米，顶端短急尖，基部楔形，两面无毛；叶柄粗壮，长 3~5 厘米，具托叶痕。花芳香，白色，花被片通常 9 枚排成 3 轮，倒卵形，肉质。聚合蓇葖果椭圆体形，长约 7 厘米。花期 5 月，果期 9~10 月。

野生分布及生境： 江门及阳春、封开、从化、龙门、新丰。生于海拔 800 米以下的山地林中，少见。

树种特性及适宜环境： 喜湿热气候，喜肥沃深厚酸性土壤。

适宜区域及绿化类型： 粤西、珠三角、粤北适合荒山、城市、乡村和通道绿化。

用途及价值： 心材略耐腐，宜作家具、文具、细木工及建筑、车船等用材。花芳香淡雅，树冠浓绿优美，可作庭园绿化观赏树种。

保护等级： 国家二级保护野生植物。

16 苦梓含笑（细毛含笑）

Michelia balansae (A. DC.) Dandy

科名	木兰科
属名	含笑属

形态特征：常绿乔木。树皮平滑。芽、嫩枝、叶柄、叶背、花蕾及花梗均密被褐色茸毛。叶厚革质，长圆状椭圆形或倒卵状椭圆形，通常长 10~20 厘米，宽 5~10 厘米，顶端急短尖，基部阔楔形；叶柄无托叶痕，基部膨大。花芳香，花被片白色带淡黄绿色，6 片，倒卵状椭圆形。聚合蓇葖果长 7~12 厘米。种子外种皮鲜红色。花期 4~7 月，果期 8~10 月。

野生分布及生境：粤东南部至粤西南部。生于海拔 300~1000 米的山地林中，少见。

树种特性及适宜环境：喜湿润气候，较耐暑热，适合生长在有机质丰富、结构良好、保水性和通透性较好的土壤中，不适干燥贫瘠土，尤忌积水地，喜酸性土，钙质土不宜。

适宜区域及绿化类型：粤西、珠三角适合荒山、城市、乡村和通道绿化。

用途及价值：材质稍重，花纹美观，易加工，不开裂，少变形，耐腐，宜作高档家具、文具、细木工、胶合板及建筑、造船等用。花芳香淡雅，树冠浓绿优美，庭院绿化优良树种。

17 乐昌含笑

Michelia chapensis Dandy

科名 木兰科

属名 含笑属

形态特征： 常绿乔木。叶薄革质，倒卵形或长圆状倒卵形，长6.5~16厘米，宽3.5~6.5厘米，顶端短渐尖，基部楔形。花被片淡黄色，芳香，6片排成2轮，外轮倒卵状椭圆形，内轮较狭。聚合蓇葖果长约10厘米。种子红色。花期3~4月，果期8~9月。

野生分布及生境： 清远、韶关以及怀集。生于海拔500~1500米的山地林中，少见。

树种特性及适宜环境： 喜光，喜温暖湿润气候，耐寒，抗高温。对土壤要求不严，以疏松肥沃、湿润、排水性良好的酸性至微碱性土壤为宜。

适宜区域及绿化类型： 粤北、粤东、珠三角适合荒山、城市、乡村和通道绿化。

用途及价值： 木材纹理直、结构细，可供家具建筑及胶合板等用。树形优美，花香醉人，可用作园林绿化树种。

用种来源： 良种，包括乐昌含笑种源（NXJT、JXLN、MZF）、乐昌含笑家系（LJ4、NM3），以及国家或省级品种审定委员会更新推荐的审（认）定良种等。

18 紫花含笑

Michelia crassipes Y. W. Law

科名 木兰科

属名 含笑属

形态特征： 常绿小乔木或灌木。树皮灰褐色。芽、嫩枝、叶柄、花梗均密被红褐色或黄褐色长茸毛。叶革质，狭长圆形、倒卵形或狭倒卵形，长 7~13 厘米，宽 2.5~4 厘米，顶端长尾状渐尖或急尖，基部楔形或阔楔形；托叶痕达叶柄顶端。花极芳香，紫红色或深紫色，花被片 6，长椭圆形，长约 2 厘米。聚合蓇葖果长 2.5~5 厘米。花期 4~5 月，果期 8~9 月。

野生分布及生境： 封开、连州、连山、连平、乳源、乐昌。生于海拔 300~700 米的山谷林中，少见。

树种特性及适宜环境： 喜半阴，喜温暖湿润气候，较耐寒，喜疏松、肥沃、排水良好的微酸性土壤。在雨量充沛、湿润环境中生长较好，在呈酸性的山地黄壤中生长期长。

适宜区域及绿化类型： 广东适合荒山、乡村和通道绿化。

用途及价值： 枝叶浓绿，姿态优美，花色艳丽，为著名的珍稀芳香观赏花木，具有极高的园林观赏应用价值。

19 金叶含笑

Michelia foveolata Merr. ex Dandy

科名 木兰科

属名 含笑属

形态特征：常绿乔木。树皮淡灰色或深灰色。芽、幼枝、叶柄、叶背、花梗密被红褐色短茸毛。叶厚革质，长圆状椭圆形，椭圆状卵形或阔披针形，长17~23厘米，宽6~11厘米，顶端渐尖或短渐尖，基部阔楔形至圆钝；叶柄无托叶痕。花被片9~12片，淡黄绿色，基部带紫色。聚合蓇葖果长7~20厘米。花期3~5月，果期9~10月。

野生分布及生境：清远、韶关以及信宜、罗定、怀集、龙门、和平、连平。生于海拔500~1500米的山地林中，常见。

树种特性及适宜环境：喜温暖湿润的中亚热带气候，但能耐短期-10°C低温，忌夏季高温，喜光也较耐阴，抗旱性较强，不耐涝，对土壤要求不严，酸性、中性和微碱性均能适应。

适宜区域及绿化类型：广东适合荒山、城市、乡村和通道绿化。

用途及价值：树体高大通直、木材质地优良，是南方地区优良的速生用材树种。木材为散孔材，材质轻，纹理直，结构细，可作家具、车辆和建筑等用材。叶大而美丽，花大而芳香，是优良的园林观赏树种。

20 广东含笑

Michelia guangdongensis Y. H. Yan, Q. W. Zeng & F. W. Xing

科名 木兰科

属名 含笑属

形态特征： 常绿灌木或小乔木，高 3~6 米。芽、嫩枝、叶柄、叶背均密被红褐色平伏短柔毛。单叶互生，革质，倒卵状椭圆形或倒卵形，长 4.5~9 厘米，宽 2.5~4.5 厘米；叶柄无托叶痕。花单生于叶腋，芳香，花被片 9~12 枚，白色。聚合果。花期 1~2 月，果期 8~9 月。

野生分布及生境： 乳源、英德。生于海拔 900~1400 米的山地林中及山顶灌丛中，少见。

树种特性及适宜环境： 喜光，喜温暖、湿润气候，耐寒。略耐旱瘠，不耐水湿，在疏松肥沃、湿润而排水良好的酸性至微酸性土壤中生长良好。

适宜区域及绿化类型： 广东适合城市和乡村绿化。

用途及价值： 树形紧凑，叶色特别，花芳香，是优良庭园绿化和盆栽观赏树种，可用于沿路生态景观建设。

保护等级： 国家二级保护野生植物。

21 醉香含笑（火力楠）

Michelia macclurei Dandy

科名 木兰科

属名 含笑属

形态特征：常绿乔木。树皮灰白色，光滑不开裂。芽、嫩枝、叶柄、托叶及花梗均被紧贴而有光泽的红褐色短茸毛。叶革质，倒卵形、椭圆状倒卵形、菱形或长圆状椭圆形，长 7~14 厘米，宽 3~7 厘米。聚伞花序，花被片白色，9~12 枚。聚合蓇葖果长 3~7 厘米。花期 3~4 月，果期 9~11 月。

野生分布及生境：肇庆、广州以及徐闻、吴川、电白、阳春、新兴、连山、惠阳。生于海拔 500~1000 米的山地林中，少见。

树种特性及适宜环境：适宜水肥条件好的低山、丘陵区中下坡，幼龄耐阴，喜温暖湿润。

适宜区域及绿化类型：粤西、珠三角、粤东适合荒山、平原、乡村和通道绿化。

用途及价值：木材易加工，切面光滑，美观耐用，是建筑、家具的优质用材。花芳香，可提取香精油。树冠宽广、伞状，整齐壮观，是美丽的庭园和行道树种。

用种来源：良种，包括梅县区火力楠母树林种子，以及国家或省级品种审定委员会更新推荐的审（认）定良种等。

22 深山含笑

Michelia maudiae Dunn

科名 木兰科

属名 含笑属

形态特征： 常绿乔木。植株无毛，芽、嫩枝、叶背、苞片均被白粉。叶革质，宽椭圆形、倒卵状椭圆形，长 7~18 厘米，宽 3.5~8.5 厘米，全缘。花单生枝梢叶腋，芳香；花被片 9 枚，纯白色，长 5~7 厘米。聚合蓇葖果长圆体形、倒卵圆形或卵圆形，长 10~12 厘米。种子红色，斜卵形。花期 2~3 月，果期 9~10 月。

野生分布及生境： 云浮、清远、深圳、韶关以及信宜、阳春、怀集、龙门、和平、连平。生于海拔 600~1500 米的山地林中，常见。

树种特性及适宜环境： 喜光，耐寒、耐干旱贫瘠，可在微酸性至微碱性土壤上生长。

适宜区域及绿化类型： 广东适合荒山、平原、城市和乡村绿化。

用途及价值： 木材纹理直，结构细致，易加工，可供家具、板料、绘图板、细木工用材。树形端庄，枝叶整洁，花大而洁白，是优良的园林造景树种。花有果香味，可提取芳香油；亦有药用价值，花具散风寒、通鼻窍、行气止痛功效；根具清热解毒、行气化浊、止咳功效。

23 观光木

Michelia odora (Chun) Noot. & B. L. Chen

科名 木兰科

属名 含笑属

形态特征：常绿乔木。树皮具深皱纹。小枝、芽、叶柄、叶面中脉、叶背和花梗均被黄棕色糙伏毛。叶纸质，倒卵状椭圆形，长 8~17 厘米，宽 3.5~7 厘米，叶柄基部膨大，托叶痕达叶柄中部。花蕾的佛焰苞状苞片一侧开裂，芳香；花被片象牙黄色，有红色小斑点，外轮的最大。聚合果通常长椭圆体形，垂悬于老枝上。花期 3 月，果期 10~12 月。

野生分布及生境：茂名、清远、韶关以及阳春、高要、龙门、和平、连平。生于海拔 100~1000 米的山地林中、溪谷、林缘，少见。

树种特性及适宜环境：中性偏耐阴树种，喜温暖湿润气候及肥沃的土壤。

适宜区域及绿化类型：广东适合荒山、平原、通道和内陆水系绿化。

用途及价值：树干挺直，树冠宽广，枝叶稠密，花美丽而芳香，可供庭园观赏及作行道树种。材质好，供家具、建筑等用。花可提取芳香油。种子可榨油。

保护等级：广东省重点保护野生植物。

24 樟（香樟、樟树）

Camphora officinarum Nees

科名　樟科

属名　樟属

形态特征：常绿大乔木。树冠广卵形，树皮不规则纵裂，植株有樟脑气味。叶互生，卵状椭圆形或长卵形，长 6~10 厘米，宽 2.5~5.5 厘米，离基三出脉，叶背脉腋具明显腺窝。聚伞圆锥花序有花数朵，花黄白色或黄绿色，长约 3 毫米。成熟果紫黑色，近球形，直径 6~8 毫米；果托杯状。花期 4~5 月，果期 8~11 月。

野生分布及生境：茂名、阳江、云浮、肇庆、清远、广州、深圳、惠州、韶关以及雷州、和平、连平。生于山地林中，常见。

树种特性及适宜环境：喜光，稍耐阴；喜温暖湿润气候，耐寒性不强。适生于深厚肥沃的酸性或中性沙壤土，根系发达，深根性，抗倒伏能力强。

适宜区域及绿化类型：广东适合荒山、平原、城市、乡村和通道绿化。

用途及价值：木材及根、枝、叶可提取樟脑和樟油。果核含脂肪，含油量约 40%，油可供工业用。根、果、枝和叶入药，有祛风散寒、强心镇痉和杀虫等功效。木材为车船、橱箱和建筑等用材。

用种来源：良种，包括樟树家系（Cc-003、Cc-007、Cc-008、Cc-011、Cc-013、Cc-009、Cc-012），以及国家或省级品种审定委员会更新推荐的审（认）定良种等。

25 黄樟

Camphora parthenoxylon (Jack) Nees

科名 樟科

属名 樟属

形态特征： 常绿大乔木。树干通直，树皮深纵裂，内皮带红色，有樟脑气味。叶互生，革质，通常为椭圆状卵形，长 5.5~11.5 厘米，宽 2.5~6 厘米，在花枝上的叶稍小，羽状脉。聚伞圆锥花序，花小，绿带黄色。果球形，直径 6~8 毫米，成熟时黑色；果托倒圆锥状。花期 3~5 月，果期 4~10 月。

野生分布及生境： 阳江、清远、深圳、梅州、河源、韶关以及信宜、罗定、封开、博罗、龙门、饶平。生于山地林中，常见。

树种特性及适宜环境： 喜光，喜温暖湿润气候和深厚、肥沃、排水良好的酸性土壤。

适宜区域及绿化类型： 广东适合荒山、城市、乡村和通道绿化。

用途及价值： 木材纹理通直，结构均匀细致，稍重而韧，易于加工，纵切面具光泽，颇美观，适于建筑、农具等用材，供车船、水工、桥梁、高档家具等用材尤佳。广东地区以其木材有樟脑气味可驱臭虫，喜用之作床板，商品材名为大叶樟、黑骨樟、油樟、浪樟等。枝叶、根、树皮、木材可蒸樟油和提制樟脑。

26 阴香

Cinnamomum burmanni (Nees & T. Nees) Blume

科名 樟科

属名 桂属

形态特征： 常绿乔木。树冠近圆球形，树皮光滑，有肉桂香气。叶互生或近对生，革质，卵圆形至披针形，长 5.5~10.5 厘米，宽 2~5 厘米，顶端短渐尖，基部宽楔形，上面亮绿，下面粉绿，两面无毛，离基三出脉，揉之有香味。花小，绿白色，长约 5 毫米。果卵球形，长约 8 毫米，成熟时黑紫色；果托长 4 毫米。花期秋冬季，果期春季。

野生分布及生境： 茂名、阳江、云浮、肇庆、清远、广州、深圳、惠州、韶关以及和平、连平等地。生于山谷林中，常见。

树种特性及适宜环境： 中性树种，较喜光，耐阴。喜暖热湿润气候，耐寒、抗风。适应性强，在排水良好、深厚肥沃的砂质壤土中长势最好。

适宜区域及绿化类型： 广东适合荒山、平原、城市、乡村和通道绿化。

用途及价值： 皮、叶、根均可提取芳香油，称广桂油或广桂叶油，可提取樟脑、β－龙脑等多种成分，后者为天然右旋龙脑的重要资源，用于食品及化妆品香精。果核含脂肪，可榨油供工业用。优良的行道树和庭园观赏树，亦可用作嫁接肉桂的砧木。木材纹理通直，结构均匀细致，可作细工用材，为良好家具用材及其他细工用材之一。树皮可代替肉桂皮作为腌菜及肉类罐头的香料。枝、叶煎水洗浴有祛风、祛湿、散寒、舒筋、活血功效。根有健胃、止寒痛的功效。

27 肉桂（桂树、玉桂）

Cinnamomum cassia (L.) D. Don

科名 樟科

属名 桂属

形态特征：常绿乔木。树皮、枝叶有辣味。叶革质，互生或近对生，长椭圆形或长圆形，长 8~16 厘米，宽 4~5.5 厘米，离基三出脉。聚伞圆锥花序腋生或近顶生，黄白色。果椭圆形，长约 1 厘米，成熟时黑紫色；果托浅杯状。花期 5~8 月，果期 9 月至翌年 3 月。

野生分布及生境：江门以及信宜、封开、乳源。生于山地林中。

树种特性及适宜环境：适生于亚热带地区温暖湿润、无霜的环境，忌积水，相对湿度 70% 以上。

适宜区域及绿化类型：广东适合荒山、城市、乡村和通道绿化。

用途及价值：《中华人民共和国药典》（2020 年版）收录，以干燥树皮与嫩枝入药，具有补火助阳、散寒止痛、温通经脉等功效。其原料及初级产品桂油通常作调味料食用。肉桂油主要为食品增香剂使用。

28 厚壳桂

Cryptocarya chinensis (Hance) Hemsl.

科名 樟科

属名 厚壳桂属

形态特征：常绿乔木。叶互生或近对生，革质，长椭圆形，长7~11厘米，宽3.5~5.5厘米，离基三出脉，叶背苍白色。圆锥花序，被黄色小茸毛，花淡黄色，长约3毫米。果球形或扁球形，直径9~12毫米，成熟时紫黑色，有纵棱12~15条。花期4~5月，果期8~12月。

野生分布及生境：云浮、肇庆、清远、深圳、惠州以及信宜、阳春、饶平、丰顺、蕉岭、乳源、乐昌等地。生于山地林中，常见。

树种特性及适宜环境：喜温暖湿润气候，适应性强，喜深厚肥沃、质地疏松的酸性土壤。

适宜区域及绿化类型：粤北、粤东、珠三角适合荒山、平原、城市、乡村和通道绿化。

用途及价值：木材纹理通直，结构细致，材质稍硬和稍重，加工容易，干燥后少开裂，不变形，适于高档家具、高级箱盒、工艺等用材，亦可作天花板、门、窗、桁、桷、车辆、农具等用材。枝叶开展，树冠开阔，是优良绿化树种。

29 香叶树

Lindera communis Hemsl.

科名 樟科

属名 山胡椒属

形态特征：常绿灌木或小乔木。叶互生，革质，披针形、卵形或椭圆形，长3~9厘米，宽1.5~3厘米，上面绿色，下面灰绿，被黄褐色柔毛。伞形花序具5~8朵花，单生或2个同生于叶腋；雌雄异株，花黄色或黄白色。果卵形，无毛，成熟时红色。花期3~4月，果期9~10月。

野生分布及生境：云浮、清远、深圳、惠州、梅州、河源、韶关以及信宜、阳春、高要、德庆、南海等地。生于疏林中，常见。

树种特性及适宜环境：耐阴，喜温暖气候，耐干旱瘠薄，在湿润、肥沃的酸性土壤上生长较好，石灰岩钙质土亦能生长。

适宜区域及绿化类型：广东适合平原、城市、乡村和通道绿化。

用途及价值：枝叶入药，可提取芳香精油供化工及食品工业用。果皮可提取芳香油用作香料。种仁含油，供制皂、润滑油、油墨及医用栓剂原料，也可供食用，作可可豆脂代用品，油粕可作肥料。木材淡红褐色，结构致密。冠形圆整，叶绿果红，是优良园林绿化树种。

30 山鸡椒（山苍子）

Litsea cubeba (Lour.) Pers.

科名	樟科
属名	木姜子属

形态特征：落叶小乔木。小枝细长，绿色，枝、叶具芳香味。叶纸质，互生，披针形或长圆形，长 4~11 厘米，宽 1.1~2.4 厘米，叶背粉绿色，两面无毛。伞形花序，常先叶开放，花黄绿色。果近球形，直径约 5 毫米，幼时绿色，成熟时黑色。花期 2~4 月，果期 5~8 月。

野生分布及生境：广东各地山区县有分布。生于向阳的山坡、疏林、灌丛中，常见。

树种特性及适宜环境：喜温暖湿润气候，适应性较强，对土壤要求不严，以缓坡、沟谷、丘陵、土层深厚、肥沃、排水良好的土壤生长最好。

适宜区域及绿化类型：广东适合荒山和平原绿化。

用途及价值：花、叶和果皮可提制精油，精油主要成分是柠檬醛，可制成香精用于食品、牙膏、化妆品等领域。根、茎、叶和果实均可入药，具有祛风散寒、消肿止痛的功效。木材材质中等，耐湿不蛀，但易劈裂，可供普通家具和建筑等用。

31 漯槁木姜子（漯槁树）

Litsea glutinosa (Lour.) C. B. Rob.

科名 樟科

属名 木姜子属

形态特征：常绿小乔木或乔木。树皮灰色或灰褐色。顶芽、嫩枝、叶背、叶柄、花梗被灰黄色茸毛。叶革质，互生，倒卵形或倒卵状长圆形，长6.5~10厘米，宽5~11厘米，顶端钝或圆；羽状脉。伞形花序腋生，花黄白色，芳香。果球形，成熟时黑色。花期5~6月，果期9~10月。

野生分布及生境：广东各地均有分布。生于山地林缘、溪旁、疏林或灌丛中，海拔500~1900米，常见。

树种特性及适宜环境：喜光，喜温暖至高温湿润气候，不耐寒，不耐阴，耐干旱、贫瘠，对土质要求不严。

适宜区域及绿化类型：广东适合荒山、平原、城市、乡村和通道绿化。

用途及价值：木材稍坚硬，耐腐，可供家具用材。树皮和木材含胶质，可作黏合剂。种仁可供制皂及作硬化油。根皮和叶可入药，有清湿热、消肿毒、止血及止痛功效。对重金属累积能力较强、抗性较好，是优良的乡土绿化、生态公益林和景观林带树种。

32 短序润楠（白皮槁）

Machilus breviflora (Benth.) Hemsl.

科名 樟科

属名 润楠属

形态特征：常绿乔木。树皮灰褐色。叶革质，常聚生于小枝顶端，倒卵形至倒卵状披针形，长 4~5 厘米，宽 1.5~2 厘米，顶端钝，基部渐狭，两面无毛，中脉在叶背面凸起。圆锥花序顶生，常呈复伞形花序状；花绿白色。果球形，直径 8~10 毫米，花被裂片宿存。花期 7~9 月，果期 10~12 月。

野生分布及生境：云浮、肇庆、深圳、惠州以及信宜、阳春、台山、新会、连山、从化、和平、新丰等地。生于山地林中，常见。

树种特性及适宜环境：喜生长在阳光充足的地方，深根性，侧根发达，可抗 10 级以上强风。

适宜区域及绿化类型：广东适合荒山、平原、城市、乡村和通道绿化。

用途及价值：树干通直、材性佳，为优良用材树种。枝叶浓密，层次分明，天然生长成塔形，树形优美；春梢发出的嫩叶呈鲜红色，绚丽夺目，在园林绿化中自成一景。

33 浙江润楠

Machilus chekiangensis S. K. Lee

科名 樟科

属名 润楠属

形态特征： 常绿乔木。叶常聚生枝顶，倒披针形，长 6.5~13 厘米，宽 2~3.6 厘米，顶端尾状渐尖，基部渐狭，革质或薄革质。圆锥花序，花小，淡黄绿色。嫩果绿色，球形，直径约 6 毫米，成熟时黑色。花期 12 月至翌年 1 月，果期 6 月。

野生分布及生境： 云浮、深圳以及信宜、连山、博罗、紫金、乳源。生于山坡林中，常见。

树种特性及适宜环境： 生长在温暖潮湿的环境，山谷或河边等地较为常见。喜土层深厚、排水良好、土质疏松、湿润的中性或微酸壤土或沙壤土。

适宜区域及绿化类型： 广东适合荒山、平原、城市、乡村和通道绿化。

用途及价值： 树冠圆锥形，枝叶茂密，新芽及新叶呈红色，观赏价值高，是良好的园林造景树种。具有特殊香味，精油中含挥发性化合物，可用作精油、香料等。

华润楠（中华润楠）

Machilus chinensis (Champ. ex Benth.) Hemsl.

科名	樟科
属名	润楠属

形态特征： 常绿乔木。叶革质，倒卵状长椭圆形至长椭圆状倒披针形，长 5~8 厘米，宽 2~3 厘米，顶端钝或短渐尖，基部狭。圆锥花序顶生，2~4 个聚集，常较叶为短，有花 6~10 朵，绿白色。果球形，直径 8~10 毫米。花期 10~11 月，果期 12 月至翌年 2 月。

野生分布及生境： 阳江、清远、珠海、深圳、韶关以及信宜、台山、高要、博罗、南澳岛。生于山地林中，常见。

树种特性及适宜环境： 喜光，但幼树及幼苗喜阴，喜土层深厚、湿润肥沃的土壤。

适宜区域及绿化类型： 广东适合荒山、平原、城市、乡村和通道绿化。

用途及价值： 木材出材率高，材质优良，耐腐，为建筑和家具用材。树干通直挺拔，树姿优美，是优良的生态园林景观树种。

35 刨花润楠（刨花楠）

Machilus pauhoi Kanehira

科名 樟科

属名 润楠属

形态特征： 常绿乔木。叶革质，常集生小枝顶端，椭圆形、狭椭圆形或倒披针形，长7~15厘米，宽2~4厘米。聚伞状圆锥花序生当年生枝下部。果球形，直径约1厘米，成熟时黑色。花期2~4月，果期7~9月。

野生分布及生境： 罗定、英德、大埔、乐昌。生于山地林中，常见。

树种特性及适宜环境： 喜湿、耐阴，喜湿润肥沃酸性土壤。在向阳和干旱贫瘠的地方生长不良。

适宜区域及绿化类型： 广东适合荒山、平原、乡村和通道绿化。

用途及价值： 木材供建筑及家具用，木材刨花浸水产生的黏液，可作建筑胶水，增加石灰水的黏着力，并可用于制纸。叶可提取芳香精油，用作高级熏香。种子含油脂，为制造蜡烛和肥皂的好原料。

36 红楠（红润楠）

Machilus thunbergii Siebold & Zucc.

科名 樟科

属名 润楠属

形态特征：常绿乔木。树皮黄褐色，枝条多而伸展，嫩枝紫红色。叶革质，倒卵形至倒卵状披针形，长 4.5~9 厘米，宽 1.5~4 厘米；叶柄和中脉均带红色。圆锥花序顶生或在新枝上腋生，多花。果扁球形，直径 8~10 毫米，成熟时黑紫色，果梗鲜红色。花期 2~4 月，果期 7~9 月。

野生分布及生境：阳江、深圳、韶关以及高州、恩平、高要、英德、博罗、龙门、五华、平远。生于山地林中，常见。

树种特性及适宜环境：偏喜光，幼树耐阴，喜温暖湿润、土质疏松、土壤肥沃的环境，耐湿，不耐旱。

适宜区域及绿化类型：广东适合荒山、城市、乡村和通道绿化。

用途及价值：边材淡黄色，心材灰褐色，硬度适中，供建筑、家具、小船、胶合板、雕刻等用。叶可提取芳香油。树皮入药，有舒筋活络的功效。在东南沿海各地低山地区，可选用红楠作为用材林和防风林树种，也可作为庭园树种。

37 闽楠[1]

Phoebe bournei (Hemsl.) Yen C. Yang

科名 樟科

属名 楠属

形态特征： 常绿乔木。树干通直。叶革质或厚革质，披针形或倒披针形，长 7~13 厘米，宽 2~3 厘米，顶端渐尖，基部渐狭或楔形。紧缩不开展的圆锥花序生于新枝中、下部，通常 3~4 个。果椭圆形或长圆形，长 1.1~1.5 厘米，宿存花被片被毛，紧贴果实。花期 4~5 月，果期 10~11 月。

野生分布及生境： 梅州、韶关以及德庆、怀集、英德、连州。生于山谷常绿阔叶林中，少见。

树种特性及适宜环境： 喜温暖湿润气候，抗寒力较强，耐霜冻及一般冰雪；耐阴，喜湿润、疏松、肥沃土壤，能耐间歇性水浸，不耐干旱。

适宜区域及绿化类型： 广东适合荒山、平原、城市、乡村和通道绿化。

用途及价值： 木材纹理直，结构细密，芳香，不易变形及虫蛀，也不易开裂，可作建筑、高档家具等上佳木材。

保护等级： 国家二级保护野生植物。

[1] 苗木市场上将闽楠、楠木（*Phoebe zhennan* S. Lee et F. N. Wei）均称为桢楠。

38 檫木（檫树）

Sassafras tzumu (Hemsl.) Hemsl.

科名	樟科
属名	檫木属

形态特征：落叶乔木。树皮幼时平滑，老时呈不规则纵裂。顶芽大，椭圆形，密被黄色绢毛。叶互生，聚集于枝顶，卵形或倒卵形，长 9~18 厘米，宽 6~10 厘米，全缘或 2~3 浅裂；叶柄常带红色。总状花序顶生，先叶开放，多花，花黄色，雌雄异株。果近球形，成熟时蓝黑色，被白蜡粉；果托红色。花期 3~4 月，果期 5~9 月。

野生分布及生境：肇庆、清远、河源、韶关以及罗定、从化、龙门。生于山地疏林中，常见。

树种特性及适宜环境：喜光，喜温暖湿润气候，喜肥沃、排水良好的酸性土壤，忌积水。

适宜区域及绿化类型：粤北适合荒山、平原、乡村和通道绿化。

用途及价值：木材浅黄色，材质优良，细致，耐久，用于造船、建筑及高档家具。根和树皮入药，具有活血散瘀、祛风祛湿的功效。果、叶和根含芳香油，主要成分为黄樟油素。

毛竹

Phyllostachys edulis (Carrière) J. Houz.

科名 禾本科

属名 刚竹属

形态特征： 秆散生，高达 20 米，直径达 20 厘米，幼秆密被细柔毛及厚白粉，箨痕有毛；每节分枝 2。箨鞘背面黄褐色或紫褐色，具黑褐色斑点及密生棕色刺毛；箨耳微小，缝毛发达；箨舌宽短，强隆起乃至尖拱形，边缘具粗长纤毛；箨片较短，长三角形至披针形。末级小枝具 2~4 叶；叶耳不明显，缝毛易脱落；叶片较小较薄，披针形，长 4~11 厘米。笋期 4 月。

野生分布及生境： 茂名、肇庆、清远、惠州、汕尾、梅州、河源、韶关等地，常见。

树种特性及适宜环境： 喜温暖湿润气候。在水分条件充足且排水好、土层深厚的酸性土壤中生长较好。

适宜区域及绿化类型： 粤北地区适合丘陵、平原和乡村绿化。

用途及价值： 竹秆高大通直，竹材坚韧性强、纤维长、硬度大，适用于制作板材、刨花板等，还可以制作管道、装饰品、工艺品和乐器等。笋味美可食。生长快，是重要的固碳植物。秆形优美，具较高的观赏价值，可用于园林绿化。

麻竹

Dendrocalamus latiflorus Munro

科名 禾本科

属名 牡竹属

形态特征：秆丛生，高达20~25米，直径15~30厘米。梢弧形弯曲或下垂，节间幼时被白粉，节内具一圈棕色茸毛环。秆分枝习性高，每节多分枝，主枝常单一。箨鞘厚革质，宽圆铲形，鞘口甚窄；箨耳小；箨片外翻，卵形至披针形。末级小枝具7~13叶，叶耳无，叶片长椭圆状披针形。假小穗1~7枚或更多枚簇生各节，卵形。笋期夏秋季。

野生分布及生境：广东各地均有分布。

树种特性及适宜环境：喜光，喜温暖湿润气候。适生于土层深厚、土壤肥沃、水分含量高、排水良好的土壤。

适宜区域及绿化类型：广东适合丘陵、平原、城市、乡村和通道绿化。

用途及价值：笋味鲜美，营养价值高，加工性能好，可鲜食或加工成各类产品。竹秆粗大、通直，可加工成板材或作建筑材料等。纤维较长，是优良纸浆材。竹秆碧绿，枝叶繁茂，具有较高的生态价值和观赏价值。

蕈树（阿丁枫）

Altingia chinensis (Champ.) Oliv. ex Hance

科名　蕈树科

属名　蕈树属

形态特征：常绿乔木。叶革质或厚革质，倒卵状矩圆形，长 7~13 厘米，宽 3~4.5 厘米，顶端略尖，基部楔形，边缘有锯齿。雄花短穗状花序，常多个排成圆锥花序；雌花头状花序单生或数个排成圆锥花序，有花 15~26 朵。头状果序近于球形，基底平截，宽 1.7~2.8 厘米。花期 3~4 月，果期秋冬季。

野生分布及生境：阳江、肇庆、清远、珠海、深圳、惠州、梅州、河源、韶关以及信宜、郁南、增城、从化、饶平。生于山地常绿林中，常见。

树种特性及适宜环境：生长较快，喜光，幼苗稍耐阴，喜温暖湿润气候，对土壤条件要求不多。

适宜区域及绿化类型：广东适合荒山、平原、城市、乡村和通道绿化。

用途及价值：木材可提取蕈香油，供药用及香料用。木材供建筑及制家具用，在森林里亦常被砍倒作栽培香菇的母树。树干挺直，优良的园林绿化树种。

42 细柄蕈树（细齿蕈树）

Altingia gracilipes Hemsl.

科名 蕈树科

属名 蕈树属

形态特征：常绿乔木。单叶互生，革质，卵状披针形，长4~7厘米，宽1.5~2.5厘米，顶端尾状渐尖，基部钝或窄圆形，全缘；叶柄长2~3厘米；无托叶。花雌雄同株，雄花头状花序圆球形，常多个排成圆锥花序，长6厘米；雌花头状花序排成总状式，有花5~6朵；花序柄长2~3厘米，有柔毛。头状果序倒圆锥形，有蒴果5~6个；蒴果不具宿存花柱。种子多数，褐色，细小，多角形。

野生分布及生境：潮州、梅州以及佛冈、惠东、紫金、始兴。生于山地常绿林中，少见。

树种特性及适宜环境：喜光，喜温暖湿润气候，对土壤条件要求不高。

适宜区域及绿化类型：粤北、粤东适合荒山、平原、乡村和通道绿化。

用途及价值：树皮里流出的树脂含有芳香性挥发油，可供药用或作香料和定香之用。树体高大，生长快，材质好，木材供建筑家具用，且可作栽培食用菌的母树，也可作风景树或行道树。

43 枫香树（枫树、枫香）

Liquidambar formosana Hance

科名 蕈树科

属名 枫香树属

形态特征：落叶大乔木。树皮方块状剥落。小枝有毛。叶对生，薄革质，阔卵形，掌状3裂，基部心形，掌状脉3~5条，边缘有锯齿，叶柄长达11厘米。花单性，雌雄同株，雄性短穗状花序常多个排成总状；雌性头状花序有花24~43朵。头状果序圆球形，木质，直径3~4厘米，有宿存花柱及针刺状萼齿。花期4~6月。

野生分布及生境：茂名、肇庆、清远、广州、深圳、梅州、河源、韶关以及阳春、南海、博罗、龙门等地。生于山地林中，常见。

树种特性及适宜环境：喜光，喜温暖湿润，幼树稍耐阴，耐干旱，耐瘠薄土壤，不耐水涝。喜湿润肥沃而深厚的红黄壤土。

适宜区域及绿化类型：广东适合荒山、平原、城市、乡村、通道和内陆水系绿化。

用途及价值：果可入药，药名“路路通”，有祛风除湿、通络活血的功效。木材稍坚硬，可制作家具及盛放贵重商品的箱子。秋叶变色，南方观秋景的主要树种。

用种来源：良种，包括枫香家系（Lf–005、Lf–007、Lf–008、Lf–009、Lf–010、Lf–011），以及国家或省级品种审定委员会更新推荐的审（认）定良种等。

半枫荷

Semiliquidambar cathayensis H. T. Chang

科名 蕈树科

属名 半枫荷属

形态特征： 常绿乔木。叶簇生枝顶，革质，异型，掌状2~3裂，或为长圆形不分裂，长8~13厘米，宽3.5~6厘米，三出脉，边缘有锯齿。花单性，雌雄同株。头状果序，直径2.5厘米，有蒴果20~28个，木质，宿存萼齿比花柱短。花期5月。

野生分布及生境： 广州、梅州、韶关以及连南、和平等地。生于山地林中，少见。

树种特性及适宜环境： 喜光，喜温暖湿润气候，在土层深厚、疏松、肥沃、湿润、排水良好的酸性红壤、砖红壤或黄壤上生长良好。

适宜区域及绿化类型： 广东适合荒山、乡村和通道绿化。

用途及价值：《中华本草》（第三卷）收录，以根或叶入药，具有祛风、通络止痛、止血的功效。现代药理研究表明，半枫荷具有抗炎、抗病毒、活血化瘀的功效。

保护等级： 广东省重点保护野生植物。

45 壳菜果（米老排）

Mytilaria laosensis Lecomte

科名 金缕梅科

属名 壳菜果属

形态特征： 常绿大乔木。叶革质，阔卵形，长 10~13 厘米，宽 7~10 厘米，顶端短尖，基部心形，全缘或幼叶浅裂；叶柄长 7~10 厘米。肉质穗状花序长 2 厘米；花多数，呈螺旋排列；花瓣白色。蒴果黄褐色，长 1.5~2 厘米，松脆易碎。花期 5 月，果期 9~10 月。

野生分布及生境： 信宜、阳春、罗定、郁南、德庆、封开等地。多生于山谷低坡常绿林中，少见。

树种特性及适宜环境： 速生，喜光，幼苗期耐庇荫，喜暖热，耐热，耐干旱，稍耐低温，不耐积水，土壤以酸性、微酸性红壤、赤红壤为宜，萌芽性强，抗风。

适宜区域及绿化类型： 广东适合荒山和平原绿化。

用途及价值： 干形通直圆满，材质优良，用途广，是建筑、家具、造纸和人造板的优质原料。对林地肥力改善有较大的促进作用，可作防火林带树种和生态防护树种。

46 红花荷（红苞木）

Rhodoleia championii Hook. f.

科名 金缕梅科

属名 红花荷属

形态特征： 常绿小乔木。叶厚革质，卵形，长 7~13 厘米，宽 4.5~6.5 厘米，顶端钝或略尖，基部阔楔形，三出脉，叶背灰白色，叶柄长 3~3.5 厘米。头状花序长 3~4 厘米，常弯垂；花瓣匙形，红色。头状果序宽约 3 厘米，有蒴果 5 个，蒴果卵圆形。种子扁平，黄褐色。花期 3~4 月，果期 5~6 月。

野生分布及生境： 广州、梅州、韶关以及连南、和平等地。生于山地林中，少见。

树种特性及适宜环境： 喜光，喜温暖气候。幼苗耐阴。耐干旱和贫瘠，适合花岗岩、砂页岩发育成的红壤与红黄壤，酸性至微酸性土，忌黏重土壤与积水。

适宜区域及绿化类型： 广东适合荒山、平原、城市、乡村和通道绿化。

用途及价值： 良好的庭园风景树和优良的木本花卉。材质适中，是家具、建筑、车船、胶合板和贴面板优质用材。

47 海红豆

Adenanthera microsperma Teijsm. & Binn.

科名 豆科

属名 海红豆属

形态特征： 落叶乔木。二回羽状复叶，羽片3~5对，小叶4~7对，互生，长圆形或卵形，长2.5~3.5厘米，宽1.5~2.5厘米，顶端钝圆，两面被毛。总状花序，花小，芳香，白色或淡黄色。荚果带状，长10~20厘米，成熟时果瓣开裂后旋卷。种子鲜红色，有光泽。花期4~7月，果期7~10月。

野生分布及生境： 茂名、云浮、肇庆、清远、广州、珠海、深圳以及徐闻、吴川、阳春、惠东、海丰。多生于山沟、溪边，常见。

树种特性及适宜环境： 喜光，喜温暖湿润气候，稍耐阴，酸性土和钙质土均可生长，在肥沃、富含有机质、排水性良好的土壤中生长快速。

适宜区域及绿化类型： 广东适合城市、乡村和通道绿化以及石漠化治理。

用途及价值： 心材暗褐色，质坚而耐腐，可作支柱、船舶、建筑和箱板等用材。种子鲜红光亮，甚为美丽，可作装饰品。生性强健，树冠浓密，枝叶优美，为优良的庭园树、行道树。

48 楹树

Albizia chinensis (Osbeck) Merr.

科名 豆科

属名 合欢属

形态特征：落叶大乔木。托叶大，心形，膜质，早落。二回羽状复叶，羽片 6~12 对；总叶柄基部和叶轴上有腺体；小叶 20~40 对，无柄，长椭圆形，长 6~10 毫米，基部近截平，中脉紧靠上边缘。头状花序有花 10~20 朵，再排成顶生圆锥花序；花绿白色或淡黄色，密被黄褐色茸毛。荚果带状，扁平，长 10~15 厘米。花期 3~5 月，果期 6~12 月。

野生分布及生境：茂名、肇庆、清远、广州、深圳以及徐闻、阳春、台山、南海、惠东、惠阳。多生于林中、旷野、谷地或河溪边，常见。

树种特性及适宜环境：喜光，喜高温多湿气候，不耐阴，抗风力弱，对土壤要求不严，生长迅速。

适宜区域及绿化类型：粤西、珠三角适合荒山、矿山、城市、乡村和通道绿化。

用途及价值：生长迅速，枝叶茂盛，适作行道树及庭荫树。木材褐色，色泽美，质柔软，耐朽力弱，可作家具、箱板等用材。树皮含单宁，可提取栲胶。

49 猴耳环

Archidendron clypearia (Jack) I.C.Nielsen

科名 豆科

属名 猴耳环属

形态特征：常绿乔木。二回羽状复叶，羽片3~8对；总叶柄具4棱，叶轴及叶柄有腺体；小叶对生，斜菱形，长1~7厘米，宽0.7~3厘米，顶部的最大；总叶柄和顶端1~2对小叶着生处稍下的叶轴上有腺体。花数朵聚成小头状花序，白色或淡黄色。荚果旋卷，宽1~1.5厘米。种子黑色。花期2~6月，果期4~8月。

野生分布及生境：茂名、阳江、肇庆、清远、广州、梅州以及徐闻、新会、罗定、南海、博罗、龙门、饶平、和平、连平、新丰、乐昌等地。生于林中，常见。

树种特性及适宜环境：中性喜光，对光照的适应幅度较大，稀疏残林、林缘地段或密茂林中，均能生长良好。适生于土层深厚的山坡中下部，适应性强，耐干旱。

适宜区域及绿化类型：广东适合荒山、平原和乡村绿化。

用途及价值：广东常用中草药，干燥幼枝及叶入药，具有清热解毒、凉血消肿、止泻的功效。果荚鲜艳奇特，可作为观果树种。树皮含单宁，可提制栲胶。

用种来源：中药材GAP生产基地。

50 南岭黄檀（秧青）

Dalbergia assamica Benth.

科名 豆科

属名 黄檀属

形态特征：落叶乔木。树皮灰黑色，粗糙，有纵裂纹。奇数羽状复叶，长 10~15 厘米；叶轴和叶柄被短柔毛；小叶 6~7 对，纸质，长圆形或倒卵状长圆形，长 2~4 厘米，宽 1~2 厘米，顶端圆形，常微缺，基部阔楔形或圆形。圆锥花序腋生，长 5~10 厘米；花萼钟状；花冠白色，长 6~7 毫米，旗瓣圆形。荚果舌形或长圆形，扁平，长 5~6 厘米，宽 2~2.5 厘米，两端渐狭，通常有种子 1 粒。花期 5~6 月，果期 10~11 月。

野生分布及生境：茂名、肇庆、清远、广州、梅州、韶关以及罗定、龙门。生于海拔 300~900 米的山地杂木林中或灌丛中，常见。

树种特性及适宜环境：喜光，稍耐寒，在土层较深厚、湿润肥沃的地段生长良好。

适宜区域及绿化类型：广东适合荒山、城市、乡村和通道绿化。

用途及价值：木材具有行气止痛、解毒消肿的功效。材质坚韧，纹理直，耐腐性强，可制作家具。优良的紫胶虫寄主树。

51 黄檀

Dalbergia hupeana Hance

科名 豆科

属名 黄檀属

形态特征：落叶乔木。奇数羽状复叶有小叶3~5对，小叶椭圆形至长圆状椭圆形，长3~7.5厘米，宽2.5~4.5厘米。圆锥花序顶生或生于最上部的叶腋间，花密集，花冠白色或淡紫色，各瓣均具柄。荚果长圆形，扁平，长4~7厘米，果瓣薄革质，不开裂。花期5~7月，果期10~11月。

野生分布及生境：茂名、清远、广州、韶关以及罗定、怀集、博罗。生于海拔600~1400米的山地林中、灌丛中、山沟溪旁及有小树林的坡地，常见。

树种特性及适宜环境：喜光，耐干旱瘠薄，在酸性、中性或石灰性土壤上均能生长。

适宜区域及绿化类型：粤北、珠三角适合荒山、城市和乡村绿化。

用途及价值：深根性，能固氮，是荒山荒地的先锋造林树种，人工林生长快速。木材黄色或白色，材质坚实致密，能耐强力冲撞，常用作车轴、榨油机轴心、枪托、各种工具柄等。根及叶入药，有清热解毒、止血消肿的功效。

52 格木

Erythrophleum fordii Oliv.

科名 豆科

属名 格木属

形态特征：常绿乔木。嫩枝和幼芽被锈色短柔毛。叶大型，二回偶数羽状复叶，羽片通常 3 对，对生或近对生，长 20~30 厘米，每羽片有小叶 8~12 片；小叶互生，卵形或卵状椭圆形，基部圆形，两侧不对称，全缘。总状花序密穗状，再排成圆锥花序；花瓣淡黄绿色。荚果长圆形，扁平，厚革质。种子长圆形，黑褐色。花期 5~6 月，果期 8~10 月。

野生分布及生境：云浮、肇庆、广州以及信宜、博罗、紫金。生于山地林中，少见。

树种特性及适宜环境：喜光，耐低温和轻霜，喜湿润，适合土层深厚的酸性沙壤土或轻黏土。

适宜区域及绿化类型：广东适合荒山、平原、城市和乡村绿化。

用途及价值：木材坚硬光亮，边材淡红色，心材黄红褐色，纹理致密，为国产著名硬木之一，可作船舶的龙骨、首柱及尾柱，以及飞机机座的垫板及房屋建筑的柱材等。

保护等级：国家二级保护野生植物。

53 皂荚（皂角）

Gleditsia sinensis Lam.

科名 豆科

属名 皂荚属

形态特征： 落叶乔木或小乔木。干和枝具分枝的圆锥状粗刺。一回羽状复叶；小叶 3~9 对，纸质，卵状披针形至长圆形，长 2~8.5 厘米，宽 1~4 厘米，顶端急尖或渐尖，顶端圆钝，具小尖头，基部圆形或楔形，边缘具细锯齿，网脉明显。花杂性，黄白色，组成总状花序。荚果带状，劲直或扭曲，果肉稍厚，两面鼓起；果瓣革质，褐棕色或红褐色，常被白色粉霜。种子多粒，长圆形或椭圆形，棕色，光亮。花期 3~5 月，果期 5~12 月。

野生分布及生境： 肇庆以及连州、乳源、乐昌等地。生于山坡林中或谷地、路旁，少见。

树种特性及适宜环境： 喜光，耐寒，耐旱，适应性广，抗逆性强，在微酸性、石灰质、轻盐碱土甚至黏土或沙土均能正常生长。

适宜区域及绿化类型： 广东适合荒山、平原、城市、乡村和通道绿化。

用途及价值： 木材坚硬，为车辆、家具用材。荚果是医药用品、保健品、化妆品及洗涤用品的天然原料。嫩芽及种子可食。种子含丰富蛋白质及皂荚豆胶。皂荚刺内含黄酮苷，具有抗癌特性，是我国传统的中药材。

短萼仪花

Lysidice brevicalyx C. F. Wei

科名 豆科

属名 仪花属

形态特征：常绿乔木。偶数羽状复叶，小叶3~5对，近革质，长圆形、倒卵状长圆形或卵状披针形，长6~12厘米，宽2~5.5厘米。圆锥花序长13~20厘米，分枝披散，苞片和小苞片白色；花瓣紫色，倒卵形，顶端近截平而微凹。荚果长圆形或倒卵状长圆形，长15~26厘米。种子长圆形至近圆形，栗褐色。花期4~5月，果期8~9月。

野生分布及生境：茂名、阳江、云浮、广州、东莞以及台山、高要、封开、和平。生于海拔500~1000米的疏林或密林中，少见。

树种特性及适宜环境：喜光，喜温暖湿润气候，耐贫瘠。

适宜区域及绿化类型：粤西、珠三角、粤东适合荒山、矿山、城市、乡村、通道和内陆水系绿化以及石漠化治理。

用途及价值：木材黄白色、坚硬，色纹美观，是优良建筑用材。花期长，开放整齐，是观赏价值较高的优良乡土树种，在园林上可孤植、丛植或片植，可作庭荫树、行道树和园景树。根、茎、叶可入药，能消肿散瘀、止痛止血。

55 花榈木

Ormosia henryi Prain

科名　豆科

属名　红豆属

形态特征： 常绿乔木。树皮灰绿色，平滑。小枝、叶轴、叶背、叶柄、花序密被灰黄色茸毛。奇数羽状复叶，小叶2~4对，椭圆形或长圆状椭圆形，长6~15厘米，宽2~6厘米。圆锥花序顶生或总状花序腋生；花冠淡绿色，边缘微带淡紫。荚果扁平，长椭圆形，长5~12厘米，紫褐色，果瓣革质、无毛。种子4~8粒，种子椭圆形或卵形，种皮鲜红色，有光泽。花期7~8月，果期9~11月。

野生分布及生境： 清远、广州、惠州、梅州、河源、韶关。生于海拔100~1300米的山坡、杂木林、林缘，少见。

树种特性及适宜环境： 喜光，幼树稍耐阴，喜温暖湿润气候，稍耐寒，也较耐干旱。

适宜区域及绿化类型： 粤北、珠三角适合荒山、城市、乡村和通道绿化。

用途及价值： 木材坚实致密、纹理美丽、有光泽、耐腐蚀，是高档家具、工艺雕刻和特种装饰品的珍贵用材。根、枝、叶入药，用于治疗跌打损伤、腰肌劳损。树姿优美、四季常绿，因繁花满树、荚果吐红而成为优良的园林绿化树种。

保护等级： 国家二级保护野生植物。

56 海南红豆

Ormosia pinnata (Lour.) Merr.

科名 豆科

属名 红豆属

形态特征： 常绿乔木。奇数羽状复叶，小叶3~4对，薄革质，披针形，长12~15厘米，宽4~5厘米，顶端钝或渐尖，基部楔形，两面无毛。圆锥花序顶生，花冠粉红色而带黄白色。荚果长3~7厘米，成熟时橙红色，果瓣厚木质，开裂，有种子1~4粒。种子椭圆形，长1.5~2厘米，鲜红色。花期6~8月，果期10月至翌年1月。

野生分布及生境： 阳江、肇庆、广州以及徐闻。生于山谷、山坡、路旁森林中，常见。

树种特性及适宜环境： 喜光，喜高温湿润气候，适应性强，耐寒、耐半阴，抗大气污染，抗风，不耐干旱。在土层深厚、湿润的酸性土壤生长良好。

适宜区域及绿化类型： 粤西、珠三角适合荒山、城市、乡村和通道绿化。

用途及价值： 木材纹理通直，心材淡红棕色，边材淡黄棕色，材质稍软，易加工，不耐腐，可作一般家具、建筑用材。树冠浓绿美观，为优良的庭园树及行道树。

保护等级： 国家二级保护野生植物。

水黄皮

Pongamia pinnata (L.) Merr.

科名 豆科

属名 水黄皮属

形态特征： 常绿乔木。羽状复叶长 20~25 厘米；小叶 2~3 对，近革质，卵形、阔椭圆形至长椭圆形，长 5~10 厘米，宽 4~8 厘米，顶端短渐尖或圆形。总状花序腋生，长 15~20 厘米；花白色或粉红色。荚果长 4~5 厘米，不开裂。种子肾形。花期 5~6 月，果期 8~10 月。

野生分布及生境： 广州、珠海、深圳、东莞以及徐闻、台山及东南部沿海地区。生于溪边、塘边及海边潮汐能到达的地方，少见。

树种特性及适宜环境： 中性树种，喜光，较耐阴；喜水湿，耐轻盐碱土；喜温暖气候，耐热。较耐旱，对土壤要求不严，可在瘠薄的立地条件下生长，其根部的根瘤菌具固氮作用，能改良土壤。

适宜区域及绿化类型： 广东适合通道、水系和海岸绿化。

用途及价值： 木材纹理致密优美，可制作各种器具。种子油可作燃料。全株入药，可作催吐剂和杀虫剂。沿海地区可作堤岸防护林和行道树。

任豆

Zenia insignis Chun

科名 豆科

属名 任豆属

形态特征： 落叶乔木。树皮粗糙，成片状脱落。小枝黑褐色，散生黄白色小皮孔。奇数羽状复叶，长 25~45 厘米；小叶薄革质，长圆状披针形，长 6~9 厘米，宽 2~3 厘米，全缘。圆锥花序顶生，花红色。荚果长圆形或椭圆状长圆形，长约 10 厘米，红棕色。种子圆形，平滑，有光泽，棕黑色。花期 5~6 月，果期 7~8 月。

野生分布及生境： 清远以及阳春、乐昌。生于海拔 200~950 米的山地密林或疏林中，少见。

树种特性及适宜环境： 适合生长在石灰岩山地的中性至微酸性土壤。喜光，不耐荫蔽，耐干旱、贫瘠，不耐水渍。在土层深厚、湿润地生长迅速。

适宜区域及绿化类型： 广东适合荒漠化治理以及荒山、城市和乡村绿化。

用途及价值： 木材淡黄色，纹理直，经水浸阴干后，能避虫蛀，不开裂，不变形，可作门窗、板材、农具和家具等用材。

61 钟花樱桃（福建山樱花）

Cerasus campanulata (Maxim.) Masam. & S. Suzuki

科名 蔷薇科

属名 樱属

形态特征： 落叶乔木或灌木。叶薄革质，卵形、卵状椭圆形或倒卵状椭圆形，长 4~7 厘米，宽 2~3.5 厘米，边缘有锯齿，叶柄顶端常有 2 枚腺体。伞形花序有花 2~4 朵，先花后叶；总苞片长椭圆形，两面伏生长柔毛；花梗长 1~1.3 厘米；萼筒钟状（故名钟花樱桃）；花瓣粉红色，顶端下凹、颜色较深。核果卵球形。花期 2~3 月，果期 4~5 月。

野生分布及生境： 河源、韶关以及信宜、连南、连山、从化、博罗、兴宁。生于海拔 100~600 米的山谷林中，常见。

树种特性及适宜环境： 喜光、喜温暖湿润气候，适宜在疏松肥沃、排水良好的沙质壤土中生长。

适宜区域及绿化类型： 粤北、粤东、珠三角适合城市、乡村和通道绿化。

用途及价值： 优秀的观赏树种，广泛应用于公园、庭院和道路绿化中。果实含有丰富的维生素 A、维生素 B、维生素 E。树皮、叶片可入药，可治疗咳嗽、发热等症。

石斑木（春花木、车轮梅）

Rhaphiolepis indica (L.) Lindl.

科名 蔷薇科

属名 石斑木属

形态特征： 常绿灌木。叶常集生于枝顶，革质，卵形至披针形，长2~8厘米，宽1.5~4厘米，顶端圆钝、急尖或短渐尖，基部渐狭，边缘具细钝锯齿。圆锥花序或总状花序顶生；花直径1~1.3厘米，花瓣5，白色或淡红色，倒卵形或披针形，顶端圆钝。果实球形，紫黑色，直径约5毫米。花期4月，果期7~8月。

野生分布及生境： 广东各地均有分布。生于山地、丘陵的灌丛或林中，常见。

树种特性及适宜环境： 中性偏喜光，喜湿，不耐寒，对土壤条件要求不严。

适宜区域及绿化类型： 广东适合城市和乡村绿化。

用途及价值： 木材带红色，质重坚韧，可作器物。根、叶可入药；花、果可食。花白里透红，花量大，为极具潜力的园林绿化树种。

63 枳椇（拐枣）

Hovenia acerba Lindl.

科名 鼠李科

属名 枳椇属

形态特征：落叶大乔木。叶互生，阔卵形或卵形，长 8~15 厘米，宽 4~10 厘米，顶端渐尖，基部截形或心形，具细锯齿。二歧式聚伞圆锥花序，被棕色短柔毛，花两性，花瓣椭圆状匙形，具短爪，花柱半裂。浆果状核果近球形，直径 6~7 毫米，成熟时棕褐色，果序轴明显膨大，肉质，成熟时棕色。花期 5~6 月，果期 9~12 月。

野生分布及生境：清远、韶关以及罗定、怀集、从化、龙门、紫金、连平。生于村边疏林、旷地，常见。

树种特性及适宜环境：喜光，耐寒，对土壤要求不严。

适宜区域及绿化类型：广东适合荒山、城市、乡村和通道绿化。

用途及价值：木材紫红色，纹理粗而美观，硬度适中不开裂，易加工，耐腐性、抗虫性中等，优良建筑、高级家具和细木工用材。树形美观，作庭院绿化树种。果序轴肥厚，含丰富的糖，可生食、酿酒、熬糖，民间常用以浸制“拐枣酒”，可治风湿。种子为清凉利尿药，能解酒毒，适用于治疗热病消渴、酒醉、烦渴、呕吐、发热等症。

64 朴树

Celtis sinensis Pers.

科名 大麻科

属名 朴属

形态特征：落叶乔木。树皮灰色，不开裂。树冠近椭圆状伞形。叶多而密，多为卵形或长卵形，长 5~10 厘米，宽 2.5~5 厘米，顶端短渐尖，基部圆而偏斜，叶片中上部有锯齿，基部三出脉在背面明显凸起。春季于叶腋生出黄绿色的花朵，花杂性。核果近球形，成熟时红褐色，直径约 5 毫米，常吸引鸟类采食。花期 2~3 月，果期 9~10 月。

野生分布及生境：广东各地广布。生于路旁、溪边或疏林中，常见。

树种特性及适宜环境：喜光，稍耐阴，耐寒。对土壤要求不严，稍耐旱，亦耐水湿及瘠薄土壤，适应力较强。

适宜区域及绿化类型：广东适合荒山、城市、乡村、通道和内陆水系绿化。

用途及价值：可用作盆景和绿化树种。根皮、树皮、叶和果实可入药。木材坚硬，可供工业用材。

65 青檀

Pteroceltis tatarinowii Maxim.

科名 大麻科

属名 青檀属

形态特征： 落叶乔木。树皮不规则剥落。叶纸质，卵形，长 3~10 厘米，宽 2~5 厘米，顶端渐尖至尾尖，基部不对称，边缘有不整齐的锯齿，基部三出脉。雌花单生叶腋，萼片 4 枚。小坚果具圆而阔的翅，连翅宽 1~1.7 厘米，黄绿色或黄褐色，具宿存的花柱和花被；果梗纤细，长 1~2 厘米，被短柔毛。花期 3~4 月，果期 8~10 月。

野生分布及生境： 清远以及封开、乳源、乐昌等石灰岩山地。生于林缘，少见。

树种特性及适宜环境： 喜光，耐干旱瘠薄，根系发达，萌蘖性强。

适宜区域及绿化类型： 粤北适合石漠化治理以及矿山、城市、乡村和通道绿化。

用途及价值： 木材坚硬细致，是家具、建筑用的上等木料。树皮纤维为制宣纸的主要原料。种子可榨油。树供观赏用。

66 白桂木（将军树、胭脂木）

Artocarpus hypargyreus Hance

科名　桑科

属名　波罗蜜属

形态特征：常绿乔木。树皮深紫色，片状剥落。叶互生，革质，椭圆形至倒卵形，长7~22 厘米，宽 3~8.5 厘米，全缘。花序单生叶腋，雄花序椭圆形至倒卵圆形。聚花果近球形，直径 3~4 厘米，淡黄至橙黄色，表面被褐色柔毛，微具乳头状凸起，果柄被柔毛。花果期夏季。

野生分布及生境：广东各地均有分布。常生于丘陵或山谷疏林中，少见。

树种特性及适宜环境：喜光，耐瘠薄，生长速度中等。

适宜区域及绿化类型：广东适合城市、乡村和通道绿化。

用途及价值：木材心材淡红色，坚硬，纹理直，易干燥，少翘裂，可作建筑、家具用材。树形优美，枝叶茂盛，可作园林绿化树种。乳汁可以提取硬性胶。

67 桂木

Artocarpus parvus Gagnep.

科名 桑科

属名 波罗蜜属

形态特征：常绿乔木。树干通直。叶互生，革质，长圆状椭圆形或倒卵状椭圆形，长4.5~15厘米，宽2.5~7厘米，全缘或疏生浅齿，两面无毛。雄花序倒卵形或长圆形，雌花序近头状。聚花果近球形，表面粗糙被毛，直径约5厘米，成熟红色，肉质。花期3~5月，果期5~9月。

野生分布及生境：广州以及徐闻、廉江、高州等地。生于旷野或山谷林中，少见。

树种特性及适宜环境：喜高温多湿气候，不耐寒，喜光，幼树稍耐阴，对土壤适应性强。

适宜区域及绿化类型：珠三角、粤西适合荒山、平原、城市、乡村和通道绿化。

用途及价值：木材坚硬，纹理致密而细，耐腐，可作建筑、家具、板料等用材。果实成熟时味酸甜，可生食或糖渍。枝叶浓绿茂盛，可作观赏树种。

68 构树

Broussonetia papyrifera (L.) L'Hér. ex Vent.

科名 桑科

属名 构属

形态特征：落叶乔木。树皮暗灰色。小枝密生柔毛。叶纸质，广卵形至长圆状卵形，长6.5~20 厘米，宽 3.5~14 厘米，顶端渐尖，基部略偏斜，心形或圆形，边缘具粗齿，不分裂或 2~5 裂，小树之叶常有明显分裂，表面粗糙，疏生糙毛，背面密被茸毛。花雌雄异株；雄花序为柔荑花序，雌花序球形头状。聚花果直径 1.5~3 厘米，成熟时橙红色，肉质。花期 3~5 月，果期 4~8 月。

野生分布及生境：广东各地均有分布。生于低海拔的山坡林中、丘陵、旷野、村落或城市路旁，常见。

树种特性及适宜环境：速生树种，喜光，适应性强，耐干旱、瘠薄，抗污染性强。

适宜区域及绿化类型：广东适合荒山、平原、城市、乡村、通道和内陆水系绿化。

用途及价值：树皮纤维是造纸的良好原料。木材黄白色，质轻软，可作箱板。花（雄花序）、嫩叶以及果实均可食用。杂交构树是一种富含蛋白质和矿物质、适口性好的优质饲料原料。

69 粗叶榕（五指毛桃）

Ficus hirta Vahl

科名 桑科

属名 榕属

形态特征：半落叶灌木或小乔木。嫩枝中空，枝上具黄色刚毛。叶互生，纸质、多型，长 6~33.5 厘米，宽 2~30 厘米，3~5 深裂、浅裂或不规则分裂，两面粗糙。隐头花序，花序托对生于叶腋或已落叶的叶腋间，球形。果圆形，外被茸毛。花期 5~7 月，果期 8~10 月。

野生分布及生境：广东各地均有分布。生于旷野、山地灌丛或疏林中，常见。

树种特性及适宜环境：喜温暖湿润的环境，适宜生长在光照良好、土层深厚、富含腐殖质、疏松肥沃、保水保肥能力强的土壤中，且要求排水良好。

适宜区域及绿化类型：广东适合荒山、平原、城市和乡村绿化。

用途及价值：药食同源植物，其根煲汤味道鲜美，椰香气十足。在广东又称其为“南芪”，以根入药，具有健脾补肺、行气利湿、舒筋活络等功效。提取液可加工成保健饮料。

用种来源：中药材 GAP 生产基地。

70 榕树（小叶榕、细叶榕）①

Ficus microcarpa L. f.

科名 桑科

属名 榕属

形态特征： 常绿乔木。老树常具锈褐色气生根。叶互生，革质而带肉质，椭圆形、卵状椭圆形或倒卵形，长3.5~10厘米，宽2~5.5厘米，顶端短尖而钝，基部楔形，表面深绿色，有光泽，全缘，基出脉3条。榕果单个或成对腋生或生于已落叶的叶腋，球形，直径5~10毫米，成熟时黄色或微红色，无总柄。基生苞片3，广卵形，宿存；雄花、雌花、瘿花同生于一榕果内。瘦果卵圆形。花果期5~12月。

野生分布及生境： 广东各地均有分布。生于低海拔的林中或旷地，常见。

树种特性及适宜环境： 喜光，喜温暖湿润气候，耐水湿，不耐旱，不耐寒，对土壤要求不高，抗大气污染。

适宜区域及绿化类型： 广东适合平原、城市、乡村、通道和内陆水系绿化。

用途及价值： 树冠庞大，气生根独特，常被用作城市绿化树种，宜作庭荫树或行道树，亦适用于河湖堤岸绿化。

① 除榕树外，小叶类的雅榕 [*Ficus concinna* (Miq.) Miq.]、垂叶榕（*F. benjamina* L.）及大叶类的高山榕（*F. altissima* Blume）、黄葛树（*F. virens* Aiton）、笔管榕（*F. subpisocarpa* Gagnep.）等乡土榕属树种也推荐用于绿美广东城乡绿化。

71 锥栗

Castanea henryi (Skan) Rehder & E. H. Wilson

科名 壳斗科

属名 栗属

形态特征： 落叶乔木。叶长圆形或披针形，长 10~23 厘米，宽 3~7 厘米，顶端长渐尖至尾状长尖，基部宽楔形至钝圆，叶缘有锯齿，叶背无毛。成熟壳斗近圆球形，连刺直径 2.5~4.5 厘米，具 1 枚坚果；坚果卵形，直径 1.5~2 厘米，顶部有伏毛。花期 4~7 月，果期 9~10 月。

野生分布及生境： 广州以及高要、乳源、乐昌等地。生于丘陵、山地，常见。

树种特性及适宜环境： 喜光，耐旱，要求排水良好。

适宜区域及绿化类型： 粤北适合荒山、乡村和通道绿化。

用途及价值： 木本粮食植物之一，果实可制成栗粉或罐头。木材可供枕木、建筑等用。树干挺直，生长迅速，属优良速生树种。

72 栗（板栗）

Castanea mollissima Blume

科名 壳斗科

属名 栗属

形态特征： 落叶乔木。树皮深纵裂。叶长椭圆形至椭圆状披针形，长 9~15 厘米，宽 4~7 厘米，顶端渐尖或急尖，基部宽楔形，叶缘有锯齿，叶背密被毛。成熟的壳斗具锐刺全遮蔽壳斗外壁，直径 4~8 厘米，每壳斗有坚果 2~3 个；坚果扁球形，直径 2~2.5 厘米，顶端被毛。花期 4~6 月，果期 9~10 月。

野生分布及生境： 肇庆、清远、广州、中山、深圳、河源、韶关以及高州、博罗、大埔等地。生于山地林中。

树种特性及适宜环境： 喜阳光充足、气候湿润，耐寒、耐旱，对土壤要求较高，喜沙质土壤。

适宜区域及绿化类型： 粤北、珠三角适合荒山、平原、城市、乡村和通道绿化。

用途及价值： 坚果可生食，也可脱壳磨粉制糕点、豆腐等副食品。心材黄褐色，边材色稍淡，纹理直，结构粗，坚硬，耐水湿，属优质材，经济价值较高。

用种来源： 良种，包括‘粤韶 02 号’‘农大 1 号’，以及国家或省级品种审定委员会更新推荐的审（认）定良种、优良农家品种、其他取得国家新品种权且在广东省表现优良的品种。

73 米槠（米锥）

Castanopsis carlesii (Hemsl.) Hayata

科名 壳斗科

属名 锥属

形态特征：常绿乔木。嫩枝和嫩叶有稀少的红褐色片状蜡鳞。叶薄革质，披针形至卵状长披针形，长4~12厘米，宽1~4.5厘米，全缘或兼有少数浅齿，嫩叶叶背初时有红褐色蜡鳞，成长后呈灰褐色或带银灰色；叶柄基部增粗。壳斗近圆形至卵球形，直径0.8~1.2厘米，通常全包坚果；鳞片退化成瘤体状或小针刺状；坚果每壳斗1个，卵球形，直径8~10毫米。花期3~6月，果期翌年9~11月。

野生分布及生境：肇庆、清远、广州、深圳、河源、韶关以及廉江、信宜、阳春、南海、龙门、丰顺、大埔等地。生于海拔1500米以下山地林中，常见。

树种特性及适宜环境：中性偏喜光，幼年耐阴，早期生长迅速，适应能力强，喜温暖湿润环境，喜深厚的中性和酸性土，耐干旱和贫瘠。

适宜区域及绿化类型：广东适合荒山、平原、城市、乡村和通道绿化。

用途及价值：优良的用材树种，材质坚硬、韧性较好，耐磨，为家具、农具、木模、车辆等适宜原材料。可作为培育食用菌的母树。涵养水源能力强。果实营养成分高，可加工成食品。含油率高，可开发为能源树种。

74 锥（中华锥）

Castanopsis chinensis (Spreng.) Hance

科名 壳斗科

属名 锥属

形态特征： 常绿乔木。树皮纵裂，片状脱落。枝、叶均无毛。叶厚纸质或近革质，披针形至长圆状披针形，长 7~18 厘米，宽 2~5 厘米，中部以上有锐齿，两面同色。壳斗圆球形，全包坚果，连刺直径 2.5~3.5 厘米，通常整齐的 3~5 瓣开裂；坚果每壳斗 1 枚，圆锥形，直径 1~1.3 厘米。花期 5~7 月，果期翌年 9~11 月。

野生分布及生境： 茂名、云浮、肇庆、清远、广州、河源以及雷州、遂溪、阳春、博罗、海丰。生于海拔 1300 米以下山地林中，常见。

树种特性及适宜环境： 中性偏喜光，幼树稍耐阴，喜温暖湿润气候，能耐短期低温，对土壤水肥条件要求不严。

适宜区域及绿化类型： 广东适合荒山、平原、城市、乡村和通道绿化。

用途及价值： 速生，优质果材兼用树种，木材棕黄色，有时其心材色污暗，木射线甚窄，材质较轻，结构略粗，纹理直，不耐水湿，属黄锥类，为两广地区较常见的用材树种。

75 甜槠（甜锥）

Castanopsis eyrei (Champ. ex Benth.) Tutcher

科名 壳斗科

属名 锥属

形态特征：常绿乔木。树皮块状剥落，小枝皮孔多，枝、叶均无毛。叶厚革质，卵形至卵状披针形，长 5~10 厘米，宽 2~3.5 厘米，顶端长渐尖，基部偏斜，全缘或在顶部有少数浅裂齿，当年生叶两面同色，2 年生叶的叶背常带淡薄的银灰色。壳斗有 1 枚坚果，阔卵形，连刺直径 2~3 厘米，2~4 瓣开裂，壳斗顶部的刺密集而较短，通常完全遮蔽壳斗外壁；坚果阔圆锥形，顶部锥尖，宽 10~14 毫米，无毛。花期 4~6 月，果期翌年 9~11 月。

野生分布及生境：肇庆、清远、深圳、梅州、韶关以及阳春、台山、增城、从化、博罗、龙门、和平。生于海拔 300 米以上的丘陵或山地疏、密林中，常见。

树种特性及适宜环境：中性偏喜光，幼年耐阴，深根性，萌芽力强，适生于温暖多雨地区肥沃、湿润的酸性土上，在瘠薄的石砾地上也能生长。

适宜区域及绿化类型：粤北、珠三角适宜荒山、乡村和通道绿化。

用途及价值：木材纹理直，结构细，质坚硬，少开裂，可供建筑或制作车辆、枕木、家具、器具等用品。壳斗与树皮可提取栲胶。枝丫桠朽木可培育香菇。

76 罗浮锥（罗浮栲）

Castanopsis faberi Hance

科名 壳斗科

属名 锥属

形态特征： 常绿乔木。叶革质，卵状椭圆形至椭圆状披针形，长6~10厘米，宽2.5~4.5厘米，中部以上疏生细齿或全缘，幼叶下面被红褐或褐黄色蜡鳞，老叶下面稍灰白色。壳斗球形或宽卵圆形，连刺直径2~3厘米，不整齐开裂，刺长0.5~1厘米，上部鹿角状分叉；每壳斗通常具3枚坚果；果无毛，果脐大于果底部。花期4~5月，果期翌年9~11月。

野生分布及生境： 广东各地山区均有分布。生于海拔约1500米以下的常绿阔叶林中，常见。

树种特性及适宜环境： 速生，中性偏喜光，幼龄稍耐阴，喜土层深厚、疏松、湿润的山地酸性赤红壤、红壤。

适宜区域及绿化类型： 广东适合荒山、乡村和通道绿化。

用途及价值： 木材纹理直，结构细，质坚硬，少开裂，易加工，可用于家具、桥梁、车船等用材。壳斗与树皮可提取栲胶。枝丫朽木可培育香菇。

77 栲（红栲）

Castanopsis fargesii Franch.

科名 壳斗科

属名 锥属

形态特征：常绿乔木。树皮浅纵裂。芽鳞、嫩枝顶部及嫩叶叶柄均被与叶背相同但较早脱落的红锈色细片状蜡鳞。叶长椭圆形或披针形，长 6.5~8 厘米，宽 1.8~2.5 厘米，通常全缘，叶背的蜡鳞层颇厚且呈粉末状，嫩叶红褐色，成长叶为黄棕色或淡棕黄色。壳斗通常圆球形或宽卵形，连刺直径 2.5~3 厘米，不规则瓣裂，每壳斗有 1 枚坚果；坚果圆锥形或近于圆球形。花期 4~6 月或 8~10 月，果期翌年同期。

野生分布及生境：肇庆、清远、深圳、梅州、河源、韶关以及阳春、台山、从化、博罗、龙门、饶平。生于海拔 1200 米以下坡地或山脊杂木林中，常见。

树种特性及适宜环境：中性偏喜光，幼龄稍耐阴，对土壤条件要求不严，能耐干旱瘠薄，喜生于高温多雨的山区。

适宜区域及绿化类型：粤北、珠三角适合荒山、乡村和通道绿化。

用途及价值：木材纹理直，结构略粗糙，坚实耐用，是良好的建筑、家具用材。坚果可生食、酿酒。朽木可用来培养香菇和木耳等菌类食品。

78 黧蒴锥（黧蒴、黧蒴栲）

Castanopsis fissa (Champ. ex Benth.) Rehder & E. H. Wilson

科名 壳斗科

属名 锥属

形态特征：常绿乔木。芽鳞和嫩叶顶端被红色或黄褐色短柔毛。叶椭圆形、长椭圆形或倒卵状椭圆形，大小差异大，通常长 11~23 厘米，宽 5~9 厘米，上半部有波状圆齿。壳斗卵圆形或椭圆形，直径 1~1.5 厘米，初时全包坚果，后分裂成 2~3 个不规则裂片；坚果每壳斗 1 枚，卵圆形或长圆形，高 1.3~1.8 厘米，顶端被毛。花期 4~6 月，果期 10~12 月。

野生分布及生境：广东除雷州半岛外，各地均有分布。生于海拔 1600 米以下山地疏林中，常见。

树种特性及适宜环境：幼龄要求庇荫，长大则喜光，能耐寒冷、干瘠，适应性广，在较为湿润的地方生长最佳。

适宜区域及绿化类型：广东适合荒山、乡村和通道绿化。

用途及价值：森林砍伐后萌生林的先锋树种。木材轻软，易加工，但不耐水湿。朽木可用来培育食用菌。萌芽力强、速生，可培育薪炭林。水源涵养效果好。

用种来源：良种，包括黧蒴家系（Cf-001、Cf-002、Cf-003、Cf-004、Cf-005），以及国家或省级品种审定委员会更新推荐的审（认）定良种等。

79 红锥

Castanopsis hystrix Hook. f. & Thomson ex A. DC.

科名 壳斗科

属名 锥属

形态特征：常绿乔木。当年生枝、叶柄及花序轴均被或疏或密的微柔毛及黄棕色细片状蜡鳞。叶纸质或薄革质，披针形，长4~8厘米，宽1.5~2厘米，全缘或有少数浅裂齿，嫩叶背面至少沿中脉被脱落性的短柔毛，兼有红棕色或棕黄色细片状蜡鳞层。壳斗有坚果1个，连刺直径2.5~4厘米，整齐的4瓣开裂，数条在基部合生成刺束，将壳壁完全遮蔽；坚果圆锥形，直径8~12毫米，无毛。花期4~6月，果期翌年8~11月。

野生分布及生境：茂名、阳江、云浮、肇庆、清远、梅州、河源以及新会、花都、从化、惠东、博罗、陆丰、海丰、饶平、始兴。生于海拔30~1300米缓坡及山地常绿阔叶林中，常见。

树种特性及适宜环境：喜湿润、温暖。耐阴，不耐寒。适生于酸性壤土或轻黏土。

适宜区域及绿化类型：广东适合荒山、平原、乡村和通道绿化。

用途及价值：木材坚硬耐腐，少变形，心材大，褐红色，边材淡红色，色泽和纹理美观，干燥后开裂小，木材质量系数达23%。材质在锥属树种中首屈一指，切面光滑，色泽红润美观，胶黏和油漆性能良好，是高档家具、车船、工艺雕刻、建筑装修等优质用材。

用种来源：良种，包括红锥家系（CH26、CH35、CH8、CH37、CH58）、紫金红锥母树林种子、饶平红锥母树林种子、梅县区红锥母树林种子，以及国家或省级品种审定委员会更新推荐的审（认）定良种等。

80 吊皮锥

Castanopsis kawakamii Hayata

科名　壳斗科

属名　锥属

形态特征：常绿乔木。树皮纵向浅裂，老树皮脱落前为长条（长达 20 厘米）如蓑衣状吊在树干上。嫩叶与新生小枝近于同色，成长叶革质，卵形至披针形，长 6~12 厘米，宽 2~5 厘米，通常全缘，两面同色。果序短，壳斗有坚果 1 枚，圆球形，连刺直径 6~8 厘米，刺长 2~3 厘米，合生至中部或中部稍下呈放射状多分枝的刺束，将壳壁完全遮蔽，成熟时开裂；坚果扁圆形。花期 3~4 月，果期翌年 8~10 月。

野生分布及生境：肇庆、梅州、韶关以及阳春、新兴、英德、连州、从化、惠东、龙门、揭西、饶平、和平、连平等大多数县市。生于海拔约 1000 米以下山地林中，常见。

树种特性及适宜环境：喜光，中幼龄树较耐阴，耐瘠薄，适生于温暖湿润的酸性红壤及黄壤地区，在土层深厚、肥沃之地生长迅速，萌芽力强。

适宜区域及绿化类型：粤北、粤东、珠三角适合荒山、乡村和通道绿化。

用途及价值：心材大，深红色，湿水后更鲜红，质坚重，有弹性，致密，纹理粗犷，自然干燥不收缩，少爆裂，耐腐，易加工，是优质的家具及建筑用材，以及重要用材树种。种子可食用。

81 鹿角锥

Castanopsis lamontii Hance

科名 壳斗科

属名 锥属

形态特征：常绿乔木。树皮粗糙，网状交互纵裂。叶厚纸质或近革质，椭圆形、卵形或长圆形，长12~20厘米，宽3~8厘米，常一侧略歪斜，全缘或有时在顶部有少数裂齿，嫩叶两面同色，成长叶背面带苍灰色。果序轴粗壮；壳斗有坚果通常2~3个，连刺直径4~6厘米，刺粗壮，不同程度的合生成刺束，呈鹿角状，或下部合生并连生成鸡冠状刺环4~6个，壳斗外壁明显可见；坚果阔圆锥形。花期3~5月，果期翌年9~11月。

野生分布及生境：云浮、肇庆、清远、深圳、惠州、梅州、韶关以及信宜、阳春、从化、陆丰、饶平、和平等地。生于海拔500米以上的山地林中，常见。

树种特性及适宜环境：喜光，中幼龄树较耐阴，耐瘠薄，适生于温暖湿润的酸性红壤及黄壤地区，在土层深厚、肥沃之地生长迅速，萌芽力强。

适宜区域及绿化类型：粤北、粤东、珠三角适合荒山、乡村和通道绿化。

用途及价值：木材灰黄色至淡棕黄色，材质坚重、致密、耐腐，是优质的家具及建筑用材。种子可食。

苦槠

Castanopsis sclerophylla (Lindl.) Schott.

科名 壳斗科

属名 锥属

形态特征：常绿乔木。树皮浅纵裂，片状剥落。叶革质，长圆形或卵状长椭圆形，长 6~12 厘米，宽 3~5 厘米，中部以上有锐锯齿。果序长 8~15 厘米，壳斗常有坚果 1 枚，圆球形或半圆球形，全包或近全包坚果，不规则瓣状爆裂；坚果近圆球形，直径 1~1.4 厘米，顶端被茸毛。花期 4~5 月，果期 10~11 月。

野生分布及生境：阳山、连州、花都、乳源、乐昌。生于海拔 200~1000 米山地林中，常见。

树种特性及适宜环境：喜光，耐阴，喜温暖、湿润气候，喜深厚、湿润土壤，也耐干旱、瘠薄。

适宜区域及绿化类型：粤北地区适宜荒山、乡村和通道绿化。

用途及价值：种仁可制粉条、豆腐。木材耐腐，可供家具用材。

83 钩锥

Castanopsis tibetana Hance

科名 壳斗科

属名 锥属

形态特征：常绿乔木。枝、叶均无毛。新生嫩叶暗紫褐色，成长叶革质，长圆形至长椭圆形，长 14~22 厘米，宽 5~10 厘米，顶部短渐尖，基部稍偏斜，叶缘中部以上有疏锯齿，老叶背面呈银灰色或灰棕色。壳斗球形，全包坚果，连刺直径长 6~8 厘米，4 瓣裂；坚果每壳斗 1 枚，扁圆锥形，高 1.5~1.8 厘米，直径 2~2.8 厘米，被毛。花期 4~5 月，果期翌年 8~10 月。

野生分布及生境：清远、河源、韶关以及博罗、龙门。生于海拔 1500 米以下山地杂木林中，常见。

树种特性及适宜环境：中性偏喜光，幼龄耐阴，喜生于沟谷、溪边等较湿润地方。

适宜区域及绿化类型：粤北、珠三角适宜荒山、乡村和通道绿化。

用途及价值：材质坚重，耐水湿，可供家具、地板用材。种子可食或酿酒。

84 福建青冈

Cyclobalanopsis chungii (Metc.) Y. C. Hsu et H. W. Jen ex Q. F. Zheng

科名 壳斗科

属名 青冈属

形态特征：常绿乔木。叶薄革质，椭圆形或倒卵状椭圆形，长 5.5~12.5 厘米，宽 2~6 厘米，顶端突尖或短尾状，基部宽楔形或近圆形，顶端有不明显浅锯齿，叶密生灰褐色星状短茸毛。果序长 1.5~3 厘米；壳斗盘形，包着坚果基部，被灰褐色茸毛；小苞片合生成 6~7 条同心环带；坚果扁球形，直径 1.5~2.5 厘米，高 1~2 厘米，顶端平圆。花期 4~5 月，果期 10~11 月。

野生分布及生境：梅州以及郁南、封开、连州、博罗、龙川、仁化。生于海拔 200~800 米的疏林或密林中，常见。

树种特性及适宜环境：中性偏喜光，喜温暖湿润环境，对土壤要求不严。

适宜区域及绿化类型：粤北、珠三角适宜荒山、矿山、乡村和通道绿化以及石漠化治理。

用途及价值：材质坚实、硬重、耐腐，供建筑、桥梁、枕木、车船等用材。

85 饭甑青冈（饭甑椆）

Cyclobalanopsis fleuryi (Hick. et A. Camus) Chun ex Q. F. Zheng

科名 壳斗科

属名 青冈属

形态特征： 常绿乔木。小枝密生皮孔。叶革质，长椭圆形或卵状长椭圆形，长 10~22 厘米，宽 3.5~9 厘米，顶端急尖或短渐尖，基部楔形，全缘或顶端有波状锯齿；叶柄长 2~5 厘米。壳斗杯形，包着坚果 2/3 以上，口径 2.5~4 厘米，高 3~4 厘米，内外壁被黄棕色毡状长茸毛；小苞片合生成 10~13 条同心环带。坚果长椭圆形，直径 2~3 厘米，密被黄棕色绒毛；果脐凸起。花期 3~4 月，果期 8~12 月。

野生分布及生境： 茂名、阳江、肇庆、清远、广州、深圳、韶关以及台山、龙门、饶平、五华。生于海拔 500~1500 米的山地密林中，常见。

树种特性及适宜环境： 喜光，喜温暖湿润气候。

适宜区域及绿化类型： 广东适合荒山、乡村和通道绿化。

用途及价值： 木质坚韧，为优良用材树种。终年常绿，枝繁叶茂，干形优美，是理想的园林绿化树种。种子含淀粉，可酿酒；种子提取物可作为天然抗氧化剂，应用于保健品、化妆品及药品等行业。壳斗、树皮含鞣质，为重要的化工原料。

86 青冈（青冈栎）

Cyclobalanopsis glauca (Thunb.) Oerst.

科名 壳斗科

属名 青冈属

形态特征：常绿乔木。小枝无毛。叶片革质，倒卵状椭圆形或长椭圆形，长6~14.5厘米，宽2~6.5厘米，叶缘中部以上有疏锯齿，叶背有整齐平伏白色单毛，老时渐脱落，常有白色鳞秕。壳斗碗形，包着坚果1/3~1/2；小苞片合生成5~6条同心环带，环带全缘或有细缺刻，排列紧密。坚果卵形或椭圆形，高1~1.5厘米。花期4~5月，果期10~11月。

野生分布及生境：云浮、肇庆、清远、梅州、韶关以及从化、博罗、和平。生于海拔60~1600米的山坡或沟谷，常见。

树种特性及适宜环境：适应性较强，酸性至碱性土均可生长，在石灰岩山地，可形成单优群落，天然更新力强，生长中速。青冈比较耐寒，耐受极端低温 -10℃，且耐阴和耐瘠薄。

适宜区域及绿化类型：广东适合荒山、乡村、通道和矿山绿化。

用途及价值：木材坚韧，可供桩柱、车船、工具柄等用材。种子含淀粉60%~70%，可作饲料或供酿酒。树皮含鞣质约16%，壳斗含鞣质10%~15%，可提取栲胶。

87 水青冈

Fagus longipetiolata Seem.

科名 壳斗科

属名 水青冈属

形态特征： 落叶乔木。叶薄革质，卵形至卵状长椭圆形，长 6~15 厘米，宽 3~6.5 厘米，顶端渐尖，基部宽楔形，叶缘具疏锯齿。果序总梗长 1~10 厘米，壳斗 4 瓣裂，密被褐色茸毛，通常有坚果 2 枚；坚果三棱形，有膜质翅。花期 4~6 月，果期 9~11 月。

野生分布及生境： 清远以及怀集、和平、乳源、乐昌。生于海拔 300~1400 米的杂木林中，常见。

树种特性及适宜环境： 中性偏喜光，喜温凉湿润气候，耐寒力强。

适宜区域及绿化类型： 粤北适合荒山、乡村和通道绿化。

用途及价值： 木材纹理直，结构细，材质较坚重，耐腐性中等，供作家具、木地板等。种子含油量较高，可供食用或制油漆。

柯（石栎）

Lithocarpus glaber (Thunb.) Nakai

科名 壳斗科

属名 柯属

形态特征： 常绿乔木。树皮褐黑色，不开裂。1 年生枝、嫩叶叶柄、叶背及花序轴均密被灰黄色短茸毛。叶厚革质，倒卵状椭圆形或披针形，长 8~14 厘米，宽 2.5~5 厘米，上部叶缘有 2~4 个浅裂齿或全缘，成长叶背面无毛或几无毛，有较厚的蜡鳞层。壳斗碟状或浅碗状，硬木质，小苞片紧贴，覆瓦状排列或连生成圆环，密被灰色微柔毛；坚果椭圆形或长卵形，暗栗褐色。花期 5~7 月，果期 11~12 月。

野生分布及生境： 肇庆、清远、广州、深圳、东莞、梅州、河源、韶关以及廉江、惠东、博罗、海丰、澄海、饶平。生于坡地杂木林中，常见。

树种特性及适宜环境： 喜温暖湿润，不耐寒冷。对土壤要求不高，在排水良好、深厚肥沃的微酸性壤土中长势最好。

适宜区域及绿化类型： 广东适合荒山、平原、城市、乡村和通道绿化。

用途及价值： 木材的心边材近于同色，干后淡茶褐色，材质颇坚重，结构略粗，纹理直，不甚耐腐，适作家具、农具等。

89 木姜叶柯（甜茶、多穗柯）

Lithocarpus litseifolius (Hance) Chun

科名 壳斗科

属名 柯属

形态特征： 常绿乔木。枝、叶无毛。叶纸质，叶形变化较大，椭圆形至狭长椭圆形，长 9~12 厘米，宽 2.5~3.5 厘米，全缘。果序长达 30 厘米，壳斗浅碟状或短漏斗状，包着坚果底部，无毛，小苞片三角形，紧贴，覆瓦状排列；坚果近圆球形或宽圆锥形，高 1~1.5 厘米，宽 1~2 厘米，常有白色粉霜。花期 4~5 月，果期 11~12 月。

野生分布及生境： 广东各地山区均有分布。生于山地常绿阔叶林中，常见。

树种特性及适宜环境： 喜光，耐旱，在次生林中生长良好。

适宜区域及绿化类型： 广东适合荒山、乡村和通道绿化。

用途及价值： 嫩叶有甜味，部分山区居民用其叶作茶叶代品，俗称“甜茶”。集茶、糖、药于一体，其降血糖、降血压的保健功能已被市场认可。

90 紫玉盘柯（风流果）

Lithocarpus uvariifolius (Hance) Rehd.

科名 壳斗科

属名 柯属

形态特征：常绿乔木。叶薄革质，倒卵形至椭圆形，长 12~23 厘米，宽 3.5~8.5 厘米，顶端急尖或短尾尖，基部宽楔形，叶缘近顶部有少数浅裂齿或波状，叶面无毛，叶背被黄色长柔毛。壳斗深碗状或半球形，包着坚果一半以上；坚果半球形，顶部圆形或近平坦，高 2.5~3 厘米，宽 3~4 厘米，密被细伏毛；果脐凸起，具檐状边缘。花期 7~8 月，果期翌年 10~12 月。

野生分布及生境：深圳以及连山、连南、龙门、揭西、丰顺、仁化等地。生于海拔约 800 米以下的山地常绿阔叶林中，常见。

树种特性及适宜环境：喜光，喜湿润气候，以深厚肥沃、湿润而排水良好的中性至微酸性土的山沟山麓地带生长最为适宜。

适宜区域及绿化类型：粤北、珠三角适合荒山、乡村和通道绿化。

用途及价值：果实硕大，具有较高的观赏性，可用来制作手工艺品。坚果富含淀粉，煮熟后可食，在两广地区被用于泡酒、炖汤。嫩叶经制作后带甜味，民间用以代茶叶，能清凉解热。木材供家具、农具、建筑等用材。

91 麻栎

Quercus acutissima Carruth.

科名 壳斗科

属名 栎属

形态特征：落叶乔木。树皮深灰褐色，深纵裂。叶长椭圆形或披针形，长 14~20 厘米，宽 4~8 厘米，顶端渐尖，基部近圆形，边缘具刺芒状锯齿。壳斗碗形，包着坚果约 1/2；坚果卵形，直径约 1.5 厘米，顶端有毛，果脐凸起。花期 3~4 月，果期 9~10 月。

野生分布及生境：清远、广州、深圳、韶关以及高要。生于山地林中，少见。

树种特性及适宜环境：喜光，耐寒力强，耐干旱瘠薄，不耐水湿。对土壤条件要求不严格，但在湿润、肥沃、深厚、排水良好的中性至微酸性沙壤土生长迅速，在山沟和山麓生长更好。

适宜区域及绿化类型：粤北、珠三角适合荒山、乡村和通道绿化。

用途及价值：木材为环孔材，边材淡红褐色，心材红褐色，材质坚硬，纹理直或斜，耐腐，易翘裂，为家具、建筑、船舶等用材，也可作桥梁、地板等用材；木材亦可烧制栎炭，其色泽光亮，燃烧具有彻底持久、热值高、无烟、火力强等优点，还可制作活性炭等。

栓皮栎（软木栎）

Quercus variabilis Bl.

科名 壳斗科

属名 栎属

形态特征：落叶乔木。树皮黑褐色，深纵裂，木栓层很发达。叶长椭圆形或卵状披针形，长 8~15 厘米，宽 3.5~4.5 厘米，顶端渐尖，基部楔形，边缘具刺芒状锯齿，叶背密被灰色星状茸毛；叶柄无毛。壳斗常单生，碗形，包着坚果约 2/3，高 1.5~2 厘米，直径 2.5~3 厘米（连小苞片），小苞片钻形，反卷，被短毛；坚果近球形，直径约 2 厘米，无毛，果脐凸起。花期 3~4 月，果期 9~10 月。

野生分布及生境：韶关以及阳山、连州。生于山地林中，少见。

树种特性及适宜环境：喜光，耐旱、抗火、抗风，酸性土、中性土、钙质土上均可生长。

适宜区域及绿化类型：粤北适合荒山、矿山、乡村和通道绿化。

用途及价值：树皮木栓层发达，是我国生产软木的主要原料。栎果可用于食物或饲料，是染料、墨水等工业品的主要原材料。叶色季相变化明显，既是营造水源涵养林、防护林的优良树种，也是良好的绿化观赏树种。

93 杨梅

Morella rubra Lour.

科名　杨梅科

属名　杨梅属

形态特征： 常绿乔木。叶革质，常密集于小枝上端，倒卵状长圆形至倒披针形，长 5~14 厘米，宽 1~4 厘米，全缘或上部有疏锯齿。花雌雄异株；雄花序生于叶腋，圆柱状；雌花序常单生于叶腋，较雄花序短而细瘦；每一雌花序仅上端 1（稀 2) 雌花能发育成果实。核果球形，直径 1~1.5 厘米，外果皮肉质，多汁液，表面具乳头状凸起，成熟时紫红色。花期 3~4 月，果期 5~6 月。

野生分布及生境： 肇庆、清远、广州、深圳、惠州、梅州、河源、韶关以及阳春、罗定、郁南、饶平等地。生于山地林中，常见。

树种特性及适宜环境： 喜光，喜温暖湿润气候，耐寒，稍耐阴。喜酸性或微酸性土壤。

适宜区域及绿化类型： 广东适合荒山、平原、城市、乡村和通道绿化。

用途及价值： 树冠圆整，树形优美，果深红，是优良园林绿化树种。果可食用、酿酒、入药。核可榨油。

用种来源： 良种，包括‘乌酥’杨梅、‘凹蒂’乌酥杨梅、‘青蒂’杨梅，以及国家或省级品种审定委员会更新推荐的审（认）定良种、优良农家品种、其他取得国家新品种权且在广东省表现优良的品种。

94 黄杞（少叶黄杞）

Engelhardia roxburghiana Lindl.

科名 胡桃科

属名 黄杞属

形态特征： 常绿乔木。全体无毛，被橙黄色盾状腺体。偶数羽状复叶，小叶 3~5 对；叶革质，长圆形、长圆状椭圆形或卵形，长 5~12 厘米，宽 2~4 厘米，全缘，基部歪斜，两面具光泽。花单性；雌花序 1 条及雄花序数条长而俯垂，生疏散的花，常形成一顶生的圆锥状花序束。果实坚果状，球形，外果皮膜质，内果皮骨质，3 裂的苞片托于果实基部。花期 5~6 月，果期 8~9 月。

野生分布及生境： 广东各地均有分布。生于山地林中，常见。

树种特性及适宜环境： 喜光，不耐阴，适生于温暖湿润的气候，对土壤要求不严，耐干旱瘠薄，但以在深厚肥沃的酸性土壤上生长较好。

适宜区域及绿化类型： 广东适合荒山、平原、城市、乡村和通道绿化。

用途及价值： 木材结构细致均匀，质地坚硬，易加工，可供建筑、车辆、家具等用材。树皮纤维坚韧，可代麻制绳索或作为人造棉原料。树皮含鞣质，可提制栲胶。树皮及叶药用，有清热止痛的功效。

枫杨

Pterocarya stenoptera C. DC.

科名 胡桃科

属名 枫杨属

形态特征：落叶乔木。枝条横展，树冠广卵形。叶多为偶数或稀奇数羽状复叶，互生，叶轴具窄翅或具锯齿，小叶 10~20 枚，常为对生，长椭圆形或长圆状披针形，长 8~12 厘米，顶端常钝圆，基部偏斜，边缘具细锯齿。柔荑花序先叶开放。果长椭圆形，呈下垂总状果序；果翅狭，条形或阔条形。花期 4~5 月，果期 8~10 月。

野生分布及生境：肇庆、清远、广州、韶关以及揭西、平远、蕉岭、和平。多见于河旁和山溪旁，常见。

树种特性及适宜环境：喜光，不耐荫庇，能够耐受较长时间的水淹胁迫，根系发达，萌芽力强，生长迅速。对二氧化硫、氯气等抗性强，对土壤要求不严，较喜疏松肥沃的沙质壤土。

适宜区域及绿化类型：广东适合平原、城市、乡村和通道绿化。

用途及价值：可作行道树和水边护岸固堤树种。树皮、枝干含纤维多，是造纸及人造棉的好原料。木材白色质软，易加工。常以枝及叶入药，具有杀虫止痒、利尿消肿的功效。

中华杜英（华杜英）

Elaeocarpus chinensis (Gardn. et Champ.) Hook. f. ex Benth.

科名 杜英科

属名 杜英属

形态特征： 常绿小乔木。嫩枝有柔毛，老枝秃净。叶薄革质，卵状披针形或披针形，长5~8厘米，宽2~3厘米，顶端渐尖，基部圆形，叶背有细小黑腺点，边缘有波状小钝齿；叶柄纤细，长1.5~2厘米。总状花序生于无叶的去年生枝条上，长3~4厘米；花瓣5片，长圆形，长3毫米，不分裂。核果椭圆形，长不到1厘米。花期5~6月。

野生分布及生境： 阳江、肇庆、清远、广州、深圳、梅州、河源、韶关以及信宜、博罗、龙门、饶平。生于海拔350~850米的常绿林，常见。

树种特性及适宜环境： 喜光，稍耐阴，喜温暖湿润环境，较耐寒。在排水良好的酸性黄壤土中生长迅速，萌芽力强。

适宜区域及绿化类型： 广东适合荒山、城市、乡村和通道绿化。

用途及价值： 可作行道树、庭园绿化和造林树种。根晒干切片入药。

97 杜英

Elaeocarpus decipiens Hemsl.

科名 杜英科

属名 杜英属

形态特征：常绿乔木。叶革质，披针形或倒披针形，长7~12厘米，宽2~3.5厘米，顶端渐尖，尖头钝，基部楔形，常下延，侧脉7~9对，边缘有小钝齿。总状花序多生于叶腋及无叶的去年生枝条上；花白色，萼片披针形；花瓣倒卵形，与萼片等长，上半部撕裂，裂片14~16条。核果椭圆形，外果皮无毛，内果皮坚骨质，表面有多数沟纹，1室，种子1粒。花期6~7月。

野生分布及生境：连州、连南、博罗、丰顺、蕉岭等地。生于海拔400~700米的山地林中，常见。

树种特性及适宜环境：喜光，稍耐阴，喜温暖潮湿环境，耐寒性较差。喜排水良好、湿润、肥沃的酸性土壤。

适宜区域及绿化类型：广东适合荒山、城市、乡村和通道绿化。

用途及价值：可作为庭园绿化和观赏树种。木材坚实细致，可作建筑、家具及细木工等用材。

98 日本杜英（薯豆杜英）

Elaeocarpus japonicus Siebold et Zucc.

科名 杜英科

属名 杜英属

形态特征： 常绿乔木。嫩枝秃净无毛；叶芽覆有发亮绢毛。叶革质，通常卵形，长6~12厘米，宽3~6厘米，顶端尖锐，尖头钝，基部圆形或钝，叶背有多数细小黑腺点，边缘有疏锯齿；叶柄长2~6厘米。总状花序长3~6厘米，生于当年生枝的叶腋内；花瓣长圆形，两面有毛，顶端全缘或有数个浅齿。核果椭圆形，长1~1.3厘米。花期4~5月。

野生分布及生境： 广东各地均有分布。生于海拔400~1300米的常绿林中，常见。

树种特性及适宜环境： 中性树种，较耐阴，喜温暖湿润气候，较耐寒。在土层深厚、肥沃、疏松的微酸性土壤上长势好。

适宜区域及绿化类型： 适宜广东的荒山、城市、乡村和通道绿化。

用途及价值： 可作速生用材树种。木材纹理直，可作为建筑或家具用材。倒木适宜栽培香菇。

山杜英

Elaeocarpus sylvestris (Lour.) Poir.

科名 杜英科

属名 杜英属

形态特征：常绿小乔木。小枝通常秃净无毛。叶纸质，倒卵形或倒披针形，长 4~8 厘米，宽 2~4 厘米，顶端稍钝，基部窄楔形，边缘有钝齿。总状花序生于枝顶叶腋内；花瓣白色，上半部撕裂。核果椭圆形，长 1~1.2 厘米。花期 4~5 月，果期秋后。

野生分布及生境：广东各地均有分布。生于海拔 350~1500 米的常绿林中，常见。

树种特性及适宜环境：喜光，较耐阴，喜温暖湿润气候，较耐寒，耐干旱瘠薄，适生于酸性黄壤和红黄壤山地。

适宜区域及绿化类型：广东适合荒山、平原、城市和内陆水系绿化。

用途及价值：树形挺拔、枝叶浓密，是园林绿化的重要树种之一。木材易加工，不变形，饰面光滑、美观，是建筑、家具、胶合板等的重要用材。根皮可入药，果可食用。茎皮可用于造纸。

猴欢喜

Sloanea sinensis (Hance) Hemsl.

科名 杜英科

属名 猴欢喜属

形态特征： 常绿乔木。嫩枝无毛。叶薄革质，形状及大小多变，通常为长圆形或狭倒卵形，长 6~12 厘米，宽 3~5 厘米，全缘或中上部有疏钝齿。花多朵簇生于枝顶叶腋；花瓣 4 枚，白色，顶端撕裂。蒴果宽 2~4 厘米，3~7 爿裂开，内果皮紫红色。种子黑色，假种皮黄色。花期 8~10 月，果期翌年夏季。

野生分布及生境： 广东各地均有分布。生于海拔 250~1000 米的常绿林中，常见。

树种特性及适宜环境： 喜光，不耐严寒、干旱，以湿润的酸性、中性土壤为宜。

适宜区域及绿化类型： 广东适合荒山、城市、乡村和通道绿化。

用途及价值： 优良的用材树种。果实色艳形美，宜作庭园观赏树。

竹节树

Carallia brachiata (Lour.) Merr.

科名 红树科

属名 竹节树属

形态特征： 常绿乔木。叶薄革质，倒卵形、椭圆形或长圆形，长5~8厘米，宽3~4.5厘米，全缘，稀具锯齿；叶柄粗而扁。花序腋生，分枝短；花小，基部有浅碟状的小苞片；花萼6~7裂，钟形；花瓣白色，近圆形，边缘撕裂状。果实近球形，直径4~6毫米，顶端有宿萼。花期冬季至翌年春季，果期春夏季。

野生分布及生境： 茂名、阳江、云浮、肇庆、广州、珠海、深圳、惠州以及徐闻、雷州、台山、顺德、惠来、南澳。生于灌丛或山谷杂木林中，常见。

树种特性及适宜环境： 偏喜光，生长较慢，对土壤要求不苛，在岩石裸露的溪旁也能正常生长。

适宜区域及绿化类型： 广东适合荒山、平原、乡村和通道绿化。

用途及价值： 枝繁叶茂，叶色终年青翠，适作园景树、行道树。叶片含挥发性物质少，能作防火树种。果实和种子可以食用。叶片和树皮中含有酚、萜等有机物，对咽喉炎、瘙痒、伤口愈合等具有治疗作用。木材质硬而重，纹理交错，可作乐器、饰木、门窗、器具等。

秋茄树（秋茄）

Kandelia obovata Sheue, H. Y. Liu & J. W. H. Yong

科名 红树科

属名 秋茄树属

形态特征： 常绿灌木或小乔木，高 1~3 米。树皮平滑，红褐色。枝粗壮，有膨大的节。具膝状呼吸根及支柱根。叶对生，革质，长圆形至倒卵状长圆形，长 5~10 厘米，宽 2.5~4 厘米，顶端钝或圆，基部阔楔形，全缘，叶脉不明显。二歧聚伞花序，有花 4~9 朵；花萼裂片条状披针形，长 1~1.5 厘米，花后外翻；花瓣白色，膜质，短于萼片。果实圆锥形，长 1.5~2 厘米；具胎生现象，胚轴细长，长 12~20 厘米。花果期春秋两季。

野生分布及生境： 湛江、阳江、珠海、深圳、东莞、汕头以及台山、海丰。生于海湾和河流出口的冲积咸滩，常见。

树种特性及适宜环境： 耐寒、耐盐碱、耐水涝。对土壤要求不高，可生长在河流出口冲积带的盐滩。

适宜区域及绿化类型： 广东沿海地区适合滩涂绿化。

用途及价值： 滩涂造林先锋树种。木材坚硬且耐腐，适合作车轴、把柄等小件用材。树皮可用作染料，还可入药，具有止血敛伤的功效。

103 木竹子（多花山竹子）

Garcinia multiflora Champ. ex Benth.

科名 藤黄科

属名 藤黄属

形态特征： 常绿灌木或乔木。叶对生，革质，倒卵形、长圆状倒卵形至倒披针形，长5~20厘米，宽2~10厘米，顶端急尖、渐尖或钝，基部楔形，全缘。花杂性，同株；雄花序呈聚伞状圆锥花序，萼片二大二小，花瓣橙黄色，花丝合生成4束，有退化雌蕊；雌花序有雌花1~5朵，无花柱，柱头大而厚，盾形。浆果近球形，成熟时黄色，可食。花期6~8月，果期11~12月。

野生分布及生境： 广东各山区均有分布。生于低海拔至中海拔的山地林中，常见。

树种特性及适宜环境： 喜肥沃、深厚、湿润的酸性土。

适宜区域及绿化类型： 广东适合荒山、平原、城市、乡村和通道绿化。

用途及价值： 果可食用，营养价值高。树皮入药，有收敛生肌、消炎止痛的功效。木材暗黄色，坚硬，可作建筑、家具及工艺雕刻用材。树形紧凑，叶翠绿有光泽，枝叶浓密，且抗病性强，是优良的绿化植物。

104 岭南山竹子（黄牙果）

Garcinia oblongifolia Champ. ex Benth.

科名 藤黄科

属名 藤黄属

形态特征： 常绿灌木或乔木。叶片近革质，长圆形、倒卵状长圆形至倒披针形，长 4~10 厘米，宽 2~3.5 厘米，顶端急尖或钝，基部楔形，全缘。花单性，橙黄色或淡黄色，单生或呈伞形状聚伞花序。雄花萼片等大，雄蕊多数，花丝合生成 1 束，花药聚生成头状，无退化雌蕊；雌花的退化雄蕊合生成 4 束，短于雌蕊。浆果近球形，宽 2~3.5 厘米，成熟时黄色。花期 4~5 月，果期 10~12 月。

野生分布及生境： 茂名、阳江、云浮、肇庆、广州、珠海、深圳以及徐闻、雷州、台山、连山、惠东、博罗、紫金。生于低海拔至中海拔的山地林中，常见。

树种特性及适宜环境： 喜光、喜湿，并可耐受一定半阴环境；喜土层疏松肥沃，排水良好，具有较好水湿条件之处，造林土壤以 pH 值 6.5 左右的沙质赤红壤、黄红壤、砖红壤类壤土为宜。

适宜区域及绿化类型： 粤西、珠三角适合荒山、平原、城市、乡村和通道绿化。

用途及价值： 果可食。木材可制家具和工艺品。树皮含单宁 3%~8%，供提制栲胶。果实、树皮、树叶均可入药，具有消炎止痛、收敛生肌的作用。

黄牛木（黄芽木、雀笼木）

Cratoxylum cochinchinense (Lour.) Blume

科名 金丝桃科

属名 黄牛木属

形态特征：落叶灌木或乔木。全株无毛，树干下部有长枝刺，树皮灰黄色。叶片椭圆形至长椭圆形，长 3~11 厘米，宽 1~4 厘米，顶端骤然锐尖或渐尖，基部钝形至楔形。聚伞花序腋生或腋外生及顶生，有花 1~5 朵；花瓣粉红、深红至红黄色，倒卵形，长 5~10 毫米。蒴果椭圆形，棕色，被宿存的花萼包住 2/3 以上。花期 3~9 月，果期 5~12 月。

野生分布及生境：茂名、阳江、云浮、肇庆、清远、广州、珠海、深圳、惠州、河源以及徐闻、廉江、台山、新会、南海、陆丰、海丰。常生于低海拔山地、丘陵的疏林或灌丛中，常见。

树种特性及适宜环境：喜光，不耐阴，喜温暖湿润气候。耐干旱贫瘠，生长慢。

适宜区域及绿化类型：广东适合荒山、矿山绿化。

用途及价值：材质坚硬，纹理精致，供雕刻用。幼果可作烹调香料。根、树皮及嫩叶入药，用于治疗感冒、中暑发热、急性胃肠炎、黄疸等症。嫩叶可茶用。

106 山桐子（水冬瓜）

Idesia polycarpa Maxim.

科名 杨柳科

属名 山桐子属

形态特征：落叶乔木。叶互生，卵圆形或卵形，长 9~12 厘米，宽 7~9 厘米，顶端渐尖，基部心形，疏生锯齿；叶柄顶端和中部有紫色腺体 1 对。雌雄异株，圆锥花序长 15~25 厘米，下垂。浆果成熟时红色或橙红色，球形，直径 7~10 毫米。花期 5~6 月，果期 9~11 月。

野生分布及生境：清远、韶关以及龙门、和平、连平。生于山地林中，常见。

树种特性及适宜环境：喜光，幼树较耐半阴，喜温和湿润的气候，也较耐寒、耐旱，对土壤要求不严，但在土层深厚、肥沃、湿润的沙质壤土中生长良好。

适宜区域及绿化类型：粤北、粤东适合荒山、平原、乡村和通道绿化。

用途及价值：木材松软，可供建筑、家具、器具等用材。树形优美，可作园林绿化树种。花多而芳香，为优良的蜜源植物。果实、种子均含油，是优良的木本油料树种，也可作生物质能源树种。

黄桐

Endospermum chinense Benth.

科名 大戟科

属名 黄桐属

形态特征： 落叶乔木。嫩枝、花序和果均密被灰黄色星状微柔毛。叶互生，椭圆形至卵圆形，长 8~15 厘米，宽 5~14 厘米，全缘，基部有 2 枚球形腺体。花雌雄异株，雄花序比雌花序长。果近球形，果皮稍肉质。种子椭圆形。花期 5~8 月，果期 8~11 月。

野生分布及生境： 阳江、肇庆、广州、深圳以及徐闻、博罗等地。生于山地常绿林中，常见。

树种特性及适宜环境： 喜光，不耐阴；喜温暖湿润气候，不耐寒；对土壤要求不严。

适宜区域及绿化类型： 粤西、珠三角适合荒山和矿山绿化。

用途及价值： 速生用材树种，树干通直，材质轻，纵切面平滑而具光泽，板材不翘，烘干后收缩性小，旋刨性能较好，易于加工且经简单加工后可防虫蛀，广泛用于胶合板制作。

血桐

Macaranga tanarius var. *tomentosa* (Blume) Müll.Arg.

科名 大戟科

属名 血桐属

形态特征：常绿乔木。嫩枝被柔毛，小枝粗壮，被白霜。叶近圆形或卵圆形，长 17~30 厘米，宽 14~24 厘米，顶端渐尖，基部钝圆，全缘或具浅波状小齿，掌状脉 7~9 条；叶柄盾状着生，长 14~30 厘米；托叶三角形。雄花序圆锥状，苞片卵圆形，基部兜状，边缘流苏状；雌花序圆锥状，苞片卵形、叶状，长 1~1.5 厘米，基部呈柄状，边缘篦齿状条裂。蒴果具 2~3 个分果爿，密被颗粒状腺体和软刺。花期 4~5 月，果期 6 月。

野生分布及生境：广州、中山、珠海、深圳以及台山、惠东等地。生于沿海低山灌木林或次生林中，常见。

树种特性及适宜环境：喜光，喜温暖湿润气候，耐盐碱，耐水涝，抗风，适应性强。

适宜区域及绿化类型：珠三角适合城市、内陆水系和海岸绿化。

用途及价值：速生树种，木材轻软，可作建筑及制造箱板的材料。树冠圆伞状，生长繁茂，为优良的绿荫树，可栽植于海岸，具有保持水土的功能。叶可药用，治疗恶性肿瘤、神经系统及心血管系统等疾病。

109 乌桕

Triadica sebifera (L.) Small

科名 大戟科

属名 乌桕属

形态特征：落叶乔木。全株无毛，具乳液。叶纸质，菱形或菱状卵形，长 3~8 厘米，宽 3~9 厘米，顶端具尖头，基部阔楔形，全缘，网状脉明显；叶柄细长，顶端有两腺体。花单性，雌雄同株，聚集成顶生、长 6~12 厘米的总状花序。蒴果梨状球形，成熟时黑色，直径 1~1.5 厘米。具 3 粒种子；种子扁球形，被白色蜡质层。花期 4~6 月，果期 9~10 月。

野生分布及生境：广东除雷州半岛外，各地均有分布。生于海拔 20~400 米平原、河谷或低山疏林中，常见。

树种特性及适宜环境：喜光，不耐阴。生长较快，对土壤的适应性较强，耐干旱瘠薄，也能耐间歇或短期水淹。

适宜区域及绿化类型：广东适合荒山、城市、乡村、通道和内陆水系绿化。

用途及价值：种子含油脂，可作为工业原料。秋叶红色，可作为观赏树种。

110 油桐（三年桐）

Vernicia fordii (Hemsl.) Airy Shaw

科名　大戟科

属名　油桐属

形态特征：落叶小乔木。叶卵形至卵状圆形，顶端短尖，基部平截至浅心形，全缘，叶柄顶端具 2 枚扁球形腺体。花雌雄同株，先叶或与叶同时开放；花瓣白色，有淡红色脉纹，倒卵形。核果近球形，直径 4~6 厘米，果皮厚革质，平滑。种子近球形。花期 3~4 月。

野生分布及生境：清远、广州、梅州、韶关以及信宜、阳春、封开、和平、连平等地常有栽种。

树种特性及适宜环境：喜光，喜温暖湿润。不耐庇荫，耐霜冻，适生于土层深厚、疏松、肥沃、湿润、排水良好的中性或微酸性土壤。

适宜区域及绿化类型：广东适合荒山、平原、城市、乡村和通道绿化。

用途及价值：种子含油脂，为著名工业油料树种。果皮可制活性炭或提取碳酸钾。

木油桐（千年桐）

Vernicia montana Lour.

科名 大戟科

属名 油桐属

形态特征： 落叶乔木。叶阔卵形至圆心形，基部钝圆至心形，2~5 浅裂或不分裂，掌状脉 5 条；叶柄顶端有 2 枚具柄的杯状腺体。常雌雄异株，花瓣白色带淡红色脉纹。核果卵球状，直径 3~5 厘米，果皮厚革质，具皱纹。种子扁球形。花期 4~5 月。

野生分布及生境： 广东各地常见栽培或野生于疏林。

树种特性及适宜环境： 喜光，稍耐阴，喜温暖湿润气候，不耐寒。适生于土层深厚、疏松肥沃、湿润、排水性良好的中性或微酸性土壤。

适宜区域及绿化类型： 广东适合荒山、平原、城市、乡村和通道绿化。

用途及价值： 树姿优美，花色雪白，美丽壮观，花期长，为良好的庭院树、遮阴树。种子含油量高，易储藏，易加工。根、叶、花、果实、种子均可入药。

112 五月茶（酸味子）

Antidesma bunius (L.) Spreng.

科名 叶下珠科

属名 五月茶属

形态特征： 常绿乔木。小枝有明显皮孔。叶片纸质，长圆形，长 8~16 厘米，宽 3~8 厘米，顶端急尖至圆，有短尖头，基部宽楔形或楔形，两面无毛；托叶早落。雌雄异株，花序顶生，长 6~12 厘米，花小；雄花序穗状，雌花序总状；花萼杯状 4 浅裂。核果近球形，长约 8 毫米，成熟时红色。花期 3~5 月，果期 6~11 月。

野生分布及生境： 茂名、阳江、云浮、肇庆、广州、珠海、深圳以及徐闻、雷州、惠阳、博罗、丰顺。生于海拔 50~1000 米平原、山坡疏林中，少见。

树种特性及适宜环境： 喜光，喜温暖湿润气候，对土壤要求不高，适应性较强。

适宜区域及绿化类型： 广东适合平原、城市、乡村和通道绿化。

用途及价值： 枝叶茂盛浓绿，果期红果累累，为美丽的观赏树。散孔材，木材淡棕红色，纹理直至斜，结构细，材质软，适于作箱板用料。果微酸，供食用及制果酱、果冻、果汁和红酒等。嫩叶可代茶冲泡饮用，或作为蔬菜食用等。根、果、叶均可入药，具有生津止渴、活血解毒的功效。

113 秋枫

Bischofia javanica Blume

科名 叶下珠科

属名 秋枫属

形态特征： 常绿或半常绿大乔木。叶互生，三出复叶，小叶薄革质，长圆形至阔卵形，长 7~15 厘米，宽 3~8 厘米，边缘具浅圆锯齿。雌雄异株，花小，多朵组成圆锥花序，花无花瓣和花盘。核果近球形，黄褐色，直径约 1 厘米。花期 3~4 月，果期 10~12 月。

野生分布及生境： 广东各地均有分布。生于平原或山谷湿润常绿林中，少见。

树种特性及适宜环境： 喜光，喜温暖湿润气候，幼树稍耐阴，耐水湿，耐寒力较差，根系发达，抗风力强。对土壤要求不严，但更适合土层深厚、肥沃的酸性沙质壤土。

适宜区域及绿化类型： 广东适合平原、城市、乡村、通道和内陆水系绿化。

用途及价值： 木材坚重，可供建筑、桥梁、车辆、造船、矿柱、枕木等用材。果肉可酿酒。树干挺拔，树冠圆整，优良的风景树和行道树树种。

114 余甘子（油柑）

Phyllanthus emblica Linn.

科名 叶下珠科

属名 叶下珠属

形态特征： 落叶乔木或灌木。叶二列，革质，椭圆形或线状长圆形，长 1~2 厘米，宽 2~5 毫米。聚伞花序由多朵雄花和 1 朵雌花或全为雄花腋生组成。蒴果核果状，圆球形，直径 1~2 厘米，外果皮肉质，绿白色或淡黄白色，内果皮硬壳质。花期 1~4 月，果期 6~9 月。

野生分布及生境： 茂名、云浮、肇庆、清远、广州、中山、珠海、深圳以及徐闻、阳春、惠阳、博罗、陆丰。生于海滨或低山坡地或干燥的稀树山岗，常见。

树种特性及适宜环境： 极喜光，耐干热瘠薄环境，萌芽力强，根系发达，可作为产区荒山荒地酸性土造林的先锋树种和水土保持树种。

适宜区域及绿化类型： 广东适合荒山、矿山和乡村绿化。

用途及价值： 果实富含维生素 C、微量元素、氨基酸等多种营养成分，可直接食用，也可加工成饮料、果脯、果酒等产品。根、叶、果及树皮均可入药，具有清热凉血、消食健胃、生津止咳的功效。木材红褐色，质地坚硬，耐水湿，有弹性，可用于制作农具和家具，也可作薪炭柴。

用种来源： 良种，包括‘玻璃油甘’，以及国家或省级品种审定委员会更新推荐的审（认）定良种、优良农家品种、其他取得国家新品种权且在广东省表现优良的品种。

115 榄仁树（榄仁）

Terminalia catappa Linn.

科名 使君子科

属名 榄仁属

形态特征： 常绿大乔木。树枝平展。叶大，互生，常密集于枝顶，叶片倒卵形，长12~22厘米，宽8~15厘米，顶端钝圆或短尖，中部以下渐狭，基部截形或狭心形，全缘。穗状花序长而纤细，腋生，长15~20厘米，雄花生于上部，两性花生于下部；花多数，绿色或白色；花瓣缺。果椭圆形，常稍压扁，具2棱，长3~4.5厘米，果皮木质，坚硬，成熟时青黑色。花期3~6月，果期7~9月。

野生分布及生境： 湛江、广州以及信宜、阳春。常生于气候湿热的海边、路旁及沙滩上，少见。

树种特性及适宜环境： 喜充足光照，能在高温和高湿环境下良好生长，抗旱，抗风性强。适应多种土壤类型，能耐受高盐度土壤，可在中性至微碱性的土壤中良好生长。

适宜区域及绿化类型： 粤西、珠三角适合城市、乡村、通道和海岸绿化。

用途及价值： 木材赤褐色，纹理细，耐腐力强，可作建筑、家具用材。树皮可提取单宁作为黑色染料。种子可食用或榨油。树皮、叶具有药用价值，可用于止咳化痰等。树形美丽，叶色变化丰富，可栽培作滨海美化、庭园观赏、行道树及沿海防风树种。

桃金娘（山稔、稔子）

Rhodomyrtus tomentosa (Aiton) Hassk.

科名 桃金娘科

属名 桃金娘属

形态特征： 常绿灌木。叶对生，革质，椭圆形或倒卵形，长 3~8 厘米，宽 1~4 厘米，顶端圆或钝，基部阔楔形。花有长梗，常单生，紫红色，直径 2~4 厘米，萼裂片宿存，花瓣 5 枚，雄蕊红色。浆果卵状壶形，长 1.5~2 厘米，成熟时紫黑色。花期 4~6 月，果期 6~9 月。

野生分布及生境： 广东各地均有分布。多生于丘陵坡地，常见。

树种特性及适宜环境： 酸性土指示植物。多生长于红壤上丘陵地灌丛或草坡上，深山密林区少，浅山区多。喜高温、高湿的环境，对冬季温度要求较严，在 10℃以下停止生长，在霜冻出现时不能安全越冬。

适宜区域及绿化类型： 广东适合荒山、矿山、城市、乡村和通道绿化。

用途及价值： 成熟果可食，也可酿酒。夏日花开，绚丽多彩，灿若红霞，边开花边结果，是山坡复绿、水土保持的优良观赏灌木。叶可入药。

117 乌墨（海南蒲桃）

Syzygium cumini (L.) Skeels

科名 桃金娘科

属名 蒲桃属

形态特征： 常绿乔木。嫩枝圆形。叶革质，阔椭圆形至狭椭圆形，长 6~12 厘米，宽 3.5~7 厘米，顶端圆或钝，有短尖头，基部阔楔形；两面多细小腺点，侧脉多而密。聚伞式圆锥花序腋生或生于老枝上，有短花梗，花白色，3~5 朵簇生；萼管倒圆锥形，萼齿不明显；花瓣 4，卵形略圆。果实卵圆形或壶形，上部有宿存萼筒，成熟时紫黑色。种子 1 粒。花期 2~3 月，果期秋季。

野生分布及生境： 广州、珠海以及廉江、雷州、徐闻。生于平地次生林及荒地上，少见。

树种特性及适宜环境： 喜光，可以在全日照或半阴的环境下生长。喜暖湿气候，耐高温和水浸，对霜冻敏感。对土壤适应性强，可在多种土壤类型中生长，包括黏土、泥灰土等，在沙土中也可以正常生长。

适宜区域及绿化类型： 粤西、珠三角适合平原、城市和乡村绿化。

用途及价值： 树干通直，树形美观，生长迅速，是优良的乡土树种。木材硬度适中、结构细腻、耐腐蚀和虫蛀，易加工，是造船、建筑、桥梁、枕木等优良用材。果实可食用，具有润肺、止咳、平喘的功效。

118 蒲桃（水蒲桃）

Syzygium jambos (L.) Alston

科名 桃金娘科

属名 蒲桃属

形态特征： 常绿乔木。分枝广。叶革质，披针形或长圆形，长 12~25 厘米，宽 3~4.5 厘米，顶端长渐尖，基部阔楔形。聚伞花序顶生，有花数朵，总梗长 1~1.5 厘米；花白色，直径 3~4 厘米；萼管倒圆锥形，萼齿 4，半圆形；花瓣阔卵形。果实球形，果皮肉质，直径 3~5 厘米，成熟时黄色，有油腺点。种子 1~2 粒，多胚。花期 3~4 月，果期 5~6 月。

野生分布及生境： 茂名、阳江、肇庆、清远、广州、深圳以及博罗。喜生于河边及河谷湿地，常见。

树种特性及适宜环境： 喜光，喜温暖湿润气候，耐水湿和高温干旱。喜肥沃疏松的沙质土壤。

适宜区域及绿化类型： 珠三角、粤西适合城市、乡村和内陆水系绿化。

用途及价值： 果可食用，根系发达，是良好的防风固沙树种。以根皮、果入药，主治腹泻、痢疾，外用治刀伤出血。

119 山蒲桃（白车）

Syzygium levinei (Merr.) Merr. et Perry

科名 桃金娘科

属名 蒲桃属

形态特征：常绿乔木。嫩枝圆形，有糠秕，干后灰白色。叶片革质，椭圆形或卵状椭圆形，长4~8厘米，宽1.5~3.5厘米，顶端急锐尖，基部阔楔形，两面有细小腺点，侧脉以45°开角斜向上，靠近边缘处结合成边脉。圆锥花序，长4~7厘米，多花；花蕾倒卵形；花白色，有短梗；萼管倒圆锥形，萼齿极短，有1小尖头；花瓣4，分离，圆形。果实近球形，长7~8毫米。种子1粒。花期8~9月，果期翌年4~5月。

野生分布及生境：茂名、阳江、肇庆、广州、珠海、深圳以及徐闻、台山、新会、新兴、惠阳、博罗、海丰。生于低海拔疏林中，常见。

树种特性及适宜环境：适宜在半阴环境下生长，避免强日光直射。喜欢温暖湿润的气候条件，生长需充足的光照和水分，适生于疏松且排水良好的土壤中。

适宜区域及绿化类型：广东适合平原、城市和乡村绿化。

用途及价值：树形美观，叶片四季常青，具有较高的观赏价值。木材坚硬耐用，可作家具和建筑用材。叶子或果实可入药，具有清热解毒、消肿止痛、祛风散结等功效。

120 水翁（水翁蒲桃）

Syzygium nervosum DC.

科名 桃金娘科

属名 蒲桃属

形态特征： 常绿乔木。树皮灰褐色，颇厚，树干多分枝。嫩枝压扁，有沟。叶片薄革质，长圆形至椭圆形，长 11~17 厘米，宽 4.5~7 厘米，顶端急尖或渐尖，基部阔楔形或略圆，两面多透明腺点，侧脉 9~13 对，以 45°~65° 开角斜向上，网脉明显，边脉离边缘 2 毫米；叶柄长 1~2 厘米。圆锥花序生于无叶的老枝上，长 6~12 厘米；花无梗，2~3 朵簇生；花蕾卵形；萼管半球形，长 3 毫米。浆果阔卵圆形，直径 10~14 毫米，成熟时紫黑色。花期 5~6 月。

野生分布及生境： 茂名、肇庆、广州、深圳、惠州以及雷州、阳春、台山、新兴。喜生于水边，常见。

树种特性及适宜环境： 喜光，喜温暖湿润气候。耐水淹，不耐旱，对土壤肥力要求不严，生长较快。有抗污染能力。

适宜区域及绿化类型： 广东适合城市、乡村和内陆水系绿化。

用途及价值： 花及叶供药用，含酚类及黄酮苷，可治感冒；根可治黄疸型肝炎。树皮可作染料。果可食。

121 紫薇（痒痒树、百日红）①

Lagerstroemia indica L.

科名 千屈菜科

属名 紫薇属

形态特征： 落叶小乔木。树皮光滑，灰色或灰褐色。幼枝四棱，稍呈翅状。单叶对生或近对生，纸质，椭圆形、阔矩圆形或倒卵形，长 2.5~7 厘米，宽 1.5~4 厘米，顶端短尖或钝形，基部阔楔形或近圆形；无柄或叶柄很短。花淡红色、紫色、白色等，直径 3~4 厘米，常组成顶生圆锥花序；花瓣 6，皱缩，具长爪；雄蕊 36~42 枚，外面 6 枚着生于花萼上，明显较长。蒴果近球形，成熟时开裂。种子有翅。花期 6~9 月，果期 9~12 月。

野生分布及生境： 广东各地均有栽培或野生，常见。

树种特性及适宜环境： 喜光，对气候、土壤等条件的适应性较强，在肥沃、微碱性沙质土壤中生长良好，黏质土壤中长势稍弱。耐寒性较强，能够适应一定的干旱条件，但不耐涝害。抗性强，可以在污染重的环境种植。

适宜区域及绿化类型： 广东适合平原、城市、乡村和通道绿化。

用途及价值： 花色艳丽，花朵繁密，花期长，具有极高的观赏价值，是优良的夏季观花树种，适用于公园、庭院、道路绿化。木材坚硬、耐腐，可作农具、家具、建筑等用材。树桩可作盆栽或制作盆景。

① 商品名“小叶紫薇”“小花紫薇”即为本种。

122 野牡丹

Melastoma candidum D. Don

科名 野牡丹科

属名 野牡丹属

形态特征： 半落叶灌木，高 0.5~1.5 米。分枝多，茎、枝、叶柄、萼筒等处密被紧贴的鳞片状糙伏毛。叶厚纸质，卵形或宽卵形，长 4~10 厘米，宽 2~6 厘米，全缘，两面被糙伏毛及短柔毛，7 出脉。伞房状聚伞花序顶生，有花 3~5 朵，花瓣倒卵形，粉色至淡紫红色。蒴果卵球形，藏于杯状的花萼筒中。花期 5~7 月，果期 10~12 月。

野生分布及生境： 广东各地均有分布。生于海拔约 1200 米以下的旷野、路旁、山坡林下或开阔灌丛中，常见。

树种特性及适宜环境： 喜光，稍耐阴，喜温暖湿润气候。耐干旱贫瘠，喜酸性土壤。

适宜区域及绿化类型： 广东适合荒山、矿山、城市、乡村和通道绿化。

用途及价值： 花鲜艳美丽，可作观赏树种。根、叶可消积滞、收敛止血，治消化不良、肠炎腹泻、痢疾便血等症。叶可作外伤止血药，捣烂外敷或用其干粉。干果可活血止血、通经下乳。

123 野鸦椿

Euscaphis japonica (Thunb.) Kanitz

科名　省沽油科

属名　野鸦椿属

形态特征：落叶小乔木或灌木。小枝及芽红紫色，枝叶揉碎后有异味。叶对生，奇数羽状复叶，长8~25厘米，具小叶5~11片；小叶厚纸质，长卵形或椭圆形，长4~7厘米，宽2~4厘米，顶端渐尖，基部钝圆，边缘具锯齿，齿尖有腺体。圆锥花序顶生，花多且密，黄白色。蓇葖果长1~2厘米，果皮软革质，紫红色。种子近圆形，黑色，有光泽。花期5~6月，果期8~9月。

野生分布及生境：茂名、清远、梅州、韶关以及徐闻、阳春、罗定、封开、怀集、从化、龙门、紫金、和平。生于海拔500~1200米的山谷林下，常见。

树种特性及适宜环境：喜光、耐阴，适宜生长在温暖湿润的环境中，耐寒性较强，能够适应较冷的气候和瘠薄干燥的土壤条件。在土层深厚、疏松、湿润、排水良好且富含有机质的微酸性土壤中生长良好。

适宜区域及绿化类型：广东适合平原、城市和乡村绿化。

用途及价值：木材可制造器具。种子含油量高，可用来制作肥皂。树皮可提取栲胶。根和果具有祛风除湿、止血止痛、发表散寒等药用功效。可观花、观叶和观果，具有很高的观赏价值。

124 橄榄

Canarium album (Lour.) Raeusch. ex DC.

科名 橄榄科

属名 橄榄属

形态特征：常绿乔木。树脂有胶黏性，芳香。奇数羽状复叶，有小叶4~7对，小叶长圆状披针形至卵状披针形，长6~20厘米，宽2.5~5厘米，顶端渐尖，基部稍偏斜，全缘，叶背网脉上有小窝点。圆锥花序，花白色，芳香。核果卵圆形至纺锤形，长2.5~3.5厘米，成熟时黄绿色。花期4~5月，果期10~12月。

野生分布及生境：广东西部多有野生，间有栽培；广东中部以南各地均有栽培。

树种特性及适宜环境：喜温暖至高温、湿润、向阳之地，生性强健，耐热也耐寒、耐旱、耐贫瘠。

适宜区域及绿化类型：粤西、珠三角、粤东适合平原、城市、乡村和通道绿化。

用途及价值：较好的防风树种及行道树。木材可造船，作枕木或家具、农具等，也可作建筑用材等。果可生食或渍制。核供雕刻。

用种来源：良种，包括橄榄品系G18、'三捻橄榄'（'三棱橄榄'）、'呐种橄榄'、'丰玉1号榄'，以及国家或省级品种审定委员会更新推荐的审（认）定良种等、优良农家品种、其他取得国家新品种权且在广东省表现优良的品种。

125 乌榄

Canarium pimela K. D. Koenig

科名 橄榄科

属名 橄榄属

形态特征： 常绿乔木。奇数羽状复叶，有小叶3~6对，无托叶，小叶椭圆形、卵状披针形或倒卵形，长3~20厘米，宽2~8厘米，顶端急尖，基部偏斜，全缘。聚伞圆锥花序腋生，雄花序多花，雌花序少花。核果狭卵圆形，长3~4厘米，成熟时紫黑色。花期4~5月，果期8月。

野生分布及生境： 广东中部及南部各地有野生及栽培。

树种特性及适宜环境： 喜高温、不耐寒，对土壤要求不严，在土壤深厚、疏松、排水良好，具有一定肥力的山地均能种植。

适宜区域及绿化类型： 粤西、珠三角、粤东适合平原、城市、乡村和通道绿化。

用途及价值： 果可生食，果肉腌制“榄角”作菜，榄仁为饼食及菜肴配料佳品。种子油供食用、制肥皂或作其他工业用油。木材灰黄褐色，材质颇坚实，用途同橄榄。根入药。树冠宽大，树形优美，可作绿化树种。

126 南酸枣（五眼果）

Choerospondias axillaris (Roxb.) B. L. Burtt & A. W. Hill

科名 漆树科

属名 南酸枣属

形态特征：落叶乔木。奇数羽状复叶，有小叶3~7对，小叶卵形至披针形，长6~10厘米，宽2~4.5厘米，基部两侧不对称。圆锥花序长4~12厘米；花萼边缘具紫红色腺状毛；花瓣具褐色脉纹，开花时外卷。果卵形，长2~2.5厘米，成熟时黄色；果核顶端具5个小孔。花期4~7月，果期6~10月。

野生分布及生境：广东各地均有分布。常生于疏林中，常见。

树种特性及适宜环境：适应性强，生长快，喜光，要求湿润的环境，对热量的要求范围较广，适生于深厚肥沃而排水良好的酸性或中性土壤，不耐涝。

适宜区域及绿化类型：广东适合荒山、平原、城市和乡村绿化。

用途及价值：优良速生用材树种，木材结构略粗，心材宽，淡红褐色，花纹美观，刨面光滑。树皮和果入药，有消炎解毒、止血止痛的功效。果酸甜，可生食、酿酒或加工成酸枣糕。果核可作活性炭原料。树叶可作绿肥。树皮还可作鞣料和栲胶的原料。

人面子

Dracontomelon duperreanum Pierre

科名 漆树科

属名 人面子属

形态特征：常绿大乔木。叶互生，奇数羽状复叶，长 30~45 厘米，有小叶 5~7 对；小叶通常互生，近革质，长圆形，长 5~14.5 厘米，宽 2.5~4.5 厘米，顶端渐尖，基部常偏斜，阔楔形或近圆形，全缘。圆锥花序顶生或腋生，比叶短，长 10~23 厘米；花白色；萼片 5，顶端钝；花瓣 5，覆瓦状排列，披针形或狭长圆形。核果扁球形，直径约 2.5 厘米，成熟时黄色；果核压扁，形状似人脸。花期 5~6 月，果期 8~9 月。

野生分布及生境：广东各地均有栽培。

树种特性及适宜环境：喜光，不耐寒。喜土层深厚、肥沃、湿润的中性至微酸性土壤。

适宜区域及绿化类型：珠三角、粤西、粤东等地区适合平原、城市、乡村和通道绿化。

用途及价值：心材栗褐色，致密有光泽，耐腐力强，可用于制造船舶、建筑及家具等。树形高大，树干通直，枝叶茂密浓绿，是优良的绿化树种。

128 黄连木

Pistacia chinensis Bunge

科名 漆树科

属名 黄连木属

形态特征： 落叶乔木。树皮暗褐色，呈鳞片状剥落。奇数羽状复叶互生，有小叶 4~6 对；小叶对生或近对生，纸质，披针形，长 3~5 厘米，宽 0.6~1.5 厘米，基部偏斜，全缘。雌雄异株，先花后叶，圆锥花序，花小。核果倒卵形，长 5~7 毫米，成熟时紫红色。花期夏初，果期秋季。

野生分布及生境： 江门、云浮、广州、深圳、韶关以及信宜、四会、英德、连州、阳山、陆丰、饶平、兴宁等地。常生于山地疏林中，常见。

树种特性及适宜环境： 喜光，耐干旱瘠薄，抗二氧化硫，抗风力强，生长较慢，寿命长。

适宜区域及绿化类型： 粤北、粤东、珠三角适合荒山、矿山、城市、乡村绿化以及石漠化治理。

用途及价值： 木材鲜黄色，可提取黄色染料，材质坚硬致密，可供家具和雕刻用。种子榨油可作润滑油或制皂。幼叶可作蔬菜，并可代茶。秋叶变为橙黄或鲜红色，甚美观，可作庭荫树及山地风景树种。

129 岭南酸枣

Spondias lakonensis Pierre

科名 漆树科

属名 槟榔青属

形态特征：落叶乔木。奇数羽状复叶，互生，具小叶 5~11 对；小叶近对生或互生，长圆形至长圆状披针形，长 6~10 厘米，宽 1.5~3 厘米，基部偏斜，全缘。圆锥花序，花小，杂性同株，花瓣 5 枚，乳白色，长卵形。核果近球形，长 8~10 毫米，肉质，成熟时红色。花期夏季，果期秋末。

野生分布及生境：清远、广州、梅州以及曲江等地。生于低海拔疏林中，少见。

树种特性及适宜环境：喜光，耐旱，耐贫瘠，速生，适应性强。

适宜区域及绿化类型：广东低海拔地区适合荒山、城市、乡村和通道绿化。

用途及价值：果酸甜可食。种子榨油可制肥皂。木材轻软，不耐腐。可作庭园绿化树种和低海拔山地造林先锋树种。

130 青榨槭

Acer davidii Franch.

科名 无患子科

属名 槭属

形态特征：落叶乔木。树皮绿色，常纵裂成蛇皮状。叶对生，长卵圆形或近长圆形，长6~14厘米，宽4~9厘米，边缘具不整齐的钝圆齿。花叶同期，总状花序生于嫩枝顶端，下垂；花瓣与萼片等长，均5枚，黄绿色，雄蕊8枚。果实由两个具翅的小坚果组成，水平或成钝角张开。花期4月，果期9月。

野生分布及生境：清远、河源、韶关以及信宜、广宁、怀集、平远。生于疏林中，常见。

树种特性及适宜环境：适宜全光照或部分遮阴条件，适应性较强，适合多种土壤类型，对干旱有一定的耐受性。

适宜区域及绿化类型：粤东、粤西、粤北适合平原、城市和乡村绿化。

用途及价值：叶色美观、变化丰富，观赏价值高，是优秀的行道树和庭园树种。木材坚硬，可用于制作家具及工艺品等。树皮含单宁，可作工业原料。根和树皮可入药，具有祛风除湿、散瘀止痛、消食健脾等功效。

131 罗浮槭（红翅槭）

Acer fabri Hance

科名 无患子科

属名 槭属

形态特征： 常绿乔木。树皮灰褐色或灰黑色。叶革质，披针形、长圆披针形或长圆倒披针形，长 7~11 厘米，宽 2~3 厘米，全缘。花杂性，雄花与两性花同株，伞房花序顶生，紫色；萼片 5 枚，紫色，长圆形；花瓣 5 枚，白色，倒卵形；雄蕊 8 枚。翅果张开成钝角，小坚果凸起；果梗长 1~1.5 厘米，细瘦。花期 3~4 月，果期 9 月。

野生分布及生境： 肇庆、清远、梅州、河源、韶关以及高州、信宜、罗定、从化、博罗、龙门。生于树林中，常见。

树种特性及适宜环境： 喜温暖湿润及半阴环境，幼树耐阴，适应性较强，喜深厚疏松肥沃土壤，酸性或微碱性土壤皆可生长。

适宜区域及绿化类型： 广东适合平原、荒山、城市、乡村和通道绿化。

用途及价值： 树姿优美，嫩叶红色，成熟翅果红色，酷似红蜻蜓，极为优美，是美丽的彩色景观树。木材淡黄色略红，结构细而均匀，质重、硬，油漆性能好，是制作高档家具、乐器的上好材料。

132 岭南槭

Acer tutcheri Duthie

科名 无患子科

属名 槭属

形态特征： 落叶乔木。小枝细瘦。叶纸质，基部圆形或近于截形、阔卵形，长6~7厘米，宽8~11厘米，常3裂，稀5裂；裂片三角状卵形，顶端锐尖，边缘具锐尖锯齿。花杂性，雄花与两性花同株，常生成仅长6~7厘米的短圆锥花序；萼片4，黄绿色；花瓣4枚，淡黄白色。翅果嫩时淡红色，成熟时淡黄色；小坚果凸起，脉纹显著；翅连同小坚果长2~2.5厘米，张开成钝角。花期4月，果期9月。

野生分布及生境： 云浮、肇庆、清远、深圳、韶关以及信宜、阳春、从化、龙门、和平、连平。生于疏林中，常见。

树种特性及适宜环境： 喜光、喜温、耐旱，对土壤肥力要求不高，在酸性土上生长较好。

适宜区域及绿化类型： 广东适合荒山、城市、乡村和通道绿化。

用途及价值： 材质优良，可作用材树种。树冠端庄秀美，在秋冬落叶之前叶色变为绯红，翅果成熟时转为淡黄色，是景观林带营造、城市园林绿化、廊道绿化、庭院绿化等不可多得的观叶和赏果树种。

133 龙眼（桂圆）

Dimocarpus longan Lour.

科名 无患子科

属名 龙眼属

形态特征：常绿乔木。偶数羽状复叶互生，小叶4~5对，薄革质，长圆状椭圆形至长圆状披针形，长6~15厘米，宽2.5~5厘米，顶端短尖，基部不对称，全缘。聚伞圆锥花序大型，多分枝，顶生和近枝顶腋生，密被星状毛；花瓣乳白色，披针形，与萼片近等长。核果近球形，直径1.2~2.5厘米，黄褐色或灰黄色。种子茶褐色，光亮，全部被肉质假种皮包裹。花期3~4月，果期7~8月。

野生分布及生境：广东中部和南部，北部较少见。常见栽培。

树种特性及适宜环境：喜光，喜温暖湿润，稍耐寒而不耐严寒，耐干旱和贫瘠，在红砂壤、黏土等土壤中生长良好。

适宜区域及绿化类型：广东适合荒山、平原、城市、乡村和通道绿化。

用途及价值：著名的热带果树之一，栽培历史悠久，果肉味道甜美，营养丰富，可直接食用或加工成桂圆干，具有补心益脾、养血安神的作用。木材坚实，质重，暗红褐色，耐水湿，是船舶、家具、细工等良材。可用作行道树、庭园绿化树。

保护等级：野生龙眼为国家二级保护野生植物。

134 复羽叶栾树

Koelreuteria bipinnata Franch.

科名 无患子科

属名 栾属

形态特征：落叶乔木。二回羽状复叶，有小叶 9~17 片；小叶互生，斜卵形，长 3.5~7 厘米，宽 2~3.5 厘米，边缘有小锯齿。圆锥花序大型，长 35~70 厘米，分枝广展；花瓣黄色，基部红色。蒴果膨胀，椭圆形或近球形，长 4~7 厘米，具 3 棱，果瓣膜质，紫红色。花期 7~9 月，果期 8~10 月。

野生分布及生境：清远、韶关。生于山地疏林中，少见。

树种特性及适宜环境：喜光，喜温暖湿润气候，抗大气污染，抗风，耐干旱。

适宜区域及绿化类型：粤北、粤东、珠三角适合荒山、城市、乡村和通道绿化。

用途及价值：速生树种，常栽培于庭园供观赏。木材可制家具。种子油工业用。根入药。花可作黄色染料。

135 荔枝

Litchi chinensis Sonn.

科名 无患子科

属名 荔枝属

形态特征：常绿乔木。树皮灰黑色。偶数羽状复叶互生，小叶 2~3 对，薄革质或革质，披针形或卵状披针形，长 6~15 厘米，宽 2~4 厘米，顶端骤尖或尾状短渐尖，全缘，叶面亮绿有光泽，叶背粉绿。聚伞圆锥花序顶生，大型，多分枝，被金黄色短茸毛；无花瓣；花萼杯状，5 浅裂。核果近球形，果皮成熟时暗红色或鲜红色，密生瘤状凸起。种子褐色发亮，被白色、多汁、肉质的假种皮包裹。花期春季，果期夏季。

野生分布及生境：广东中部和南部。常见栽培。

树种特性及适宜环境：喜光，喜高温高湿，不耐寒冷。自然更新能力强，生长快，适应性广。

适宜区域及绿化类型：粤西、珠三角、粤东适合荒山、平原、城市和乡村绿化。

用途及价值：广东栽培历史悠久的果品，因色、香、味俱全，故有“岭南佳果”之称。优良的观果树，宜列植、片植作园景树、行道树等。核入药为收敛止痛剂。木材坚实，深红褐色，纹理雅致、耐腐，历来为上等名材，主要作船舶、梁、柱、高档家具用材。花富含蜜腺，是重要的蜜源植物。

保护等级：野生荔枝为国家二级保护野生植物。

136 无患子（洗手果）

Sapindus saponaria L.

科名 无患子科

属名 无患子属

形态特征：落叶大乔木。小枝密生皮孔。偶数羽状复叶；小叶5~8对，通常近对生，叶片长椭圆状披针形或稍呈镰形，长6~13厘米，宽2~4厘米，顶端短尖或短渐尖，基部楔形，稍不对称，全缘。圆锥花序顶生，花小，呈辐射对称，直径3~4毫米；萼片和花瓣各5枚。果深裂为3分果爿，通常仅1个发育，发育果爿近球形，直径2~2.5厘米，成熟时橙黄色；果皮肉质，富含皂素。种子黑色。花期5~6月，果期10月。

野生分布及生境：广东各地均有分布。常见于寺庙、庭园和村边。

树种特性及适宜环境：喜光，稍耐阴，耐寒，耐旱，不耐水湿，抗风力强，生长较快，寿命长。对土壤要求不严，在酸性及钙质土上均能生长。

适宜区域及绿化类型：广东适合城市、乡村和通道绿化。

用途及价值：果皮含皂素，代肥皂用。木材质软，边材黄白色，心材黄褐色，可作箱板和木梳等用材。树干通直，秋季叶片变黄，可作彩叶树种。根和果入药，味苦微甘，有小毒，具有清热解毒、化痰止咳等功效。

137 三桠苦

Melicope pteleifolia (Champ. ex Benth.) Hartley

科名 芸香科

属名 蜜茱萸属

形态特征：常绿小乔木。叶为3小叶，小叶长椭圆形，长6~12厘米，宽2~6厘米，两端尖，中部最宽，揉之有香气。花序腋生，花甚多，萼片及花瓣均4枚；花瓣淡黄或白色，常有透明油点。果淡黄或茶褐色，散生透明油点。种子近球形，黑褐色。花期4~5月，果期8~9月。

野生分布及生境：广东各地广布。多见于低海拔丘陵山地较阴湿的地方，常见。

树种特性及适宜环境：喜光，喜温暖湿润气候，适应性强。

适宜区域及绿化类型：广东适合荒山、矿山、城市、乡村和通道绿化。

用途及价值：干燥茎及带叶嫩枝入药，广东“凉茶”中，多有此料，用其根、茎枝，可作消暑清热剂。

用种来源：中药材GAP生产基地。

138 九里香

Murraya paniculata (L.) Jack

科名 芸香科

属名 九里香属

形态特征： 常绿灌木或小乔木。奇数羽状复叶有小叶3~7片，小叶倒卵形或倒卵状椭圆形，长1~6厘米，宽0.6~3厘米，全缘。圆锥状聚伞花序通常顶生；花白色，芳香，花瓣5枚，花开时反折。果阔卵形或椭圆形，橙黄至朱红色，果肉有黏胶质液。花期4~8月，果期9~12月。

野生分布及生境： 广东各地均有野生及栽培。零星野生于石灰岩山地及沿海较干燥的沙土灌木丛中。

树种特性及适宜环境： 喜生于沙质土、向阳地方，对土壤要求不严。

适宜区域及绿化类型： 广东适合荒山、城市、乡村、通道和海岸绿化。

用途及价值： 干燥叶和带叶嫩枝入药，具有行气止痛、活血散瘀的功效。枝干苍劲，四季常青，花香浓郁，朱果耀目，是优良的盆景材料，南方多用作围篱材料。

用种来源： 中药材 GAP 生产基地。

139 楝叶吴萸（楝叶吴茱萸）

Tetradium glabrifolium (Champ. ex Benth.) T. G. Hartley

科名 芸香科

属名 吴茱萸属

形态特征：落叶乔木。奇数羽状复叶，有小叶 3~5 对，小叶卵形或披针形，长 6~10 厘米，宽 2.5~4 厘米，基部偏斜，边缘近全缘，叶背油点极少。圆锥花序顶生，多花，花瓣白色。果紫红色，有油点，每果瓣有 1 粒种子。花期 7~8 月，果期 11~12 月。

野生分布及生境：茂名、阳江、云浮、肇庆、清远、广州、珠海、深圳、惠州、汕尾、梅州以及徐闻、台山、乳源、乐昌等地。生于海拔 500~800 米常绿阔叶林中，常见。

树种特性及适宜环境：喜光，喜温暖湿润气候，耐干旱瘠薄，速生。适应性强，适合深厚、疏松、排水良好、湿度适中的沙壤或红壤土。

适宜区域及绿化类型：广东适合荒山、城市、乡村和通道绿化。

用途及价值：木材具有独特的酸辣香气，色泽鲜艳美观，坚韧且纹理直，不易受虫害侵扰，具有较好的耐腐性，常用于制作天花板、楼板、门窗、枪托、车辆以及文具等各类产品。果实具有温中散寒、行气止痛的功效，根和叶可止咳、止痛、解毒敛疮。

140 山楝

Aphanamixis polystachya (Wall.) R.Parker

科名 楝科

属名 山楝属

形态特征： 常绿乔木。奇数羽状复叶，通常长20~30厘米，有小叶9~13片；小叶对生，长圆形，长8~15厘米，宽3~5厘米，最下部的一对较小，顶端渐尖，基部偏斜，两面无毛，全缘。雄花组成穗状花序再排成广展的圆锥花序，雌花组成穗状花序；花近球形，无花梗；花萼4~5片；花瓣3枚，圆形。蒴果近卵形，直径约3厘米，成熟后橙黄色，3裂，有假种皮。花期5~9月，果期10月至翌年4月。

野生分布及生境： 湛江、茂名、阳江、肇庆、广州、珠海、深圳。生于低海拔杂木林中，少见。

树种特性及适宜环境： 热带性喜光，具有一定的耐寒能力，适应多种土壤条件，如沙壤土表层。

适宜区域及绿化类型： 粤西、珠三角适合平原、城市、乡村和通道绿化。

用途及价值： 种子含油量高，可以用来制作肥皂和润滑油。木材颜色美观，质地坚硬且纹理紧密均匀，耐腐，适合用作建筑材料和造船材料。树皮富含单宁，可用于提取栲胶。根部发达，耐浸渍、耐盐碱，可以起到防风固堤的作用。树皮和叶有祛风消肿功效。

141 麻楝（毛麻楝）

Chukrasia tabularis A. Juss.

科名 楝科

属名 麻楝属

形态特征：落叶乔木。偶数羽状复叶，有小叶 5~8 对；小叶互生，纸质，卵形至卵状椭圆形，长 4~11 厘米，宽 2.5~5.5 厘米，基部偏斜。圆锥花序顶生，长约为叶的一半，花有香味，花瓣黄色或略带紫色。蒴果近球形或椭圆形，直径 3.5~4 厘米，灰黄色或褐色。花期 3~5 月，果期秋季。

野生分布及生境：阳江、广州、深圳以及连州、连南、龙门、乳源。生于海拔 380 米以上的林中，常见。

树种特性及适宜环境：喜光，幼树耐阴，抗寒性较强，喜欢花岗岩母质风化的砖红壤性土，对水肥条件要求较高，喜欢生长在土层深厚、肥沃、湿润、疏松的立地。

适宜区域及绿化类型：广东适合荒山、平原、城市、乡村和通道绿化。

用途及价值：树冠伞形，新叶红色，可作为绿化树种，广泛用作庭荫树和行道树。木材芳香，坚硬，有光泽，易加工，耐腐，为建筑、船舶、家具等良好用材。

142 红椿（红楝子）

Toona ciliata M. Roem.

科名 楝科

属名 香椿属

形态特征： 半落叶大乔木。羽状复叶，通常有小叶 7~8 对；小叶对生或近对生，纸质，长圆状卵形至披针形，长 6~15 厘米，宽 2.5~4.5 厘米，基部偏斜，全缘。圆锥花序顶生；花瓣 5 枚，白色，长圆形。蒴果长椭圆形，木质，干后紫褐色，有苍白色皮孔。种子两端具翅，膜质。花期 4~6 月，果期 10~12 月。

野生分布及生境： 茂名、肇庆以及博罗、乐昌。生于低海拔林缘，少见。

树种特性及适宜环境： 喜温暖，不耐庇荫，耐热和霜冻。喜深厚、肥沃、湿润、排水良好的酸性土或钙质土。

适宜区域及绿化类型： 广东适合荒山、平原、城市和乡村绿化。

用途及价值： 木材赤褐色，纹理通直，质软，耐腐，适宜建筑、车船、茶箱、家具、雕刻等用材。树皮含单宁，可提制栲胶。

保护等级： 国家二级保护野生植物。

143 香椿

Toona sinensis (Juss.) Roem.

科名 楝科

属名 香椿属

形态特征：落叶乔木。树皮粗糙，片状脱落。叶具长柄，偶数羽状复叶，有小叶7~14对；小叶卵状披针形至卵状长圆形，长6~17厘米，宽2.5~4.5厘米，基部极偏斜。圆锥花序，花瓣5枚，白色。蒴果狭椭圆形，褐色，有苍白色皮孔，果瓣薄，5瓣开裂。种子上端有膜质的长翅。花期6~8月，果期10~12月。

野生分布及生境：肇庆、清远、广州、深圳以及乳源、乐昌等地。生于疏林中或栽培于村边路旁，常见。

树种特性及适宜环境：喜光，喜温暖湿润，耐寒，较耐湿，适合在肥沃湿润的土壤中，一般以沙壤土为好。

适宜区域及绿化类型：广东适合荒山、平原、城市、乡村和通道绿化。

用途及价值：传统药食两用植物，幼芽、嫩叶芳香可口，可作蔬菜食用，含丰富的微量元素、氨基酸、必需脂肪酸等营养物质。树干通直，嫩叶红艳，常用作庭荫树、行道树。

144 木棉（英雄树、攀枝花）

Bombax ceiba L.

科名 锦葵科

属名 木棉属

形态特征： 落叶大乔木。幼树树干有圆锥状硬皮刺。掌状复叶，小叶5~7片，长圆形至长圆状披针形，长10~20厘米，宽3.5~7厘米，顶端渐尖，全缘。先花后叶，花较大，单生枝顶叶腋，常为红色，偶有橙红色；花萼革质，厚，杯状；花瓣5枚，肉质；雄蕊多，集成5束。蒴果长圆形，木质，长10~15厘米，果内有丝状绵毛。花期3~4月，果期夏季。

野生分布及生境： 阳江、广州、深圳以及高要、博罗、丰顺、大埔等地。多生于低海拔的林缘或旷野，常见栽培。

树种特性及适宜环境： 喜光，喜温暖干燥气候，不耐寒，稍耐湿，耐干旱，抗污染，抗风，忌积水。

适宜区域及绿化类型： 广东适合平原、城市、乡村和通道绿化。

用途及价值： 花可作蔬菜食用。花、树皮、根皮可入药。树姿挺拔，花大而美，可植为庭园观赏树、行道树。

145 丹霞梧桐

Firmiana danxiaensis H. H. Hsue et H. S. Kiu

科名 锦葵科

属名 梧桐属

形态特征：落叶小乔木。树皮黑褐色。叶聚生于小枝顶端，近圆形，长 8~10 厘米，基部心形，全缘，两面无毛，叶柄长 4.5~8.5 厘米。圆锥花序顶生，长达 20 厘米，具多花；花紫红色，花萼 5 深裂。蓇葖果成熟前开裂成叶状，卵状披针形，长 8~10 厘米。种子近球形，成熟时褐色。花期 4~6 月，果期 7~8 月。

野生分布及生境：英德、南雄、始兴、仁化。生于岩壁的石缝中及山谷的浅土层中。

树种特性及适宜环境：喜光，耐干旱，耐贫瘠。

适宜区域及绿化类型：广东适合荒山、城市和乡村绿化。

用途及价值：抗逆性较强，在石缝及岩壁瘠薄的土层中就能扎根存活，生长迅速，萌蘖力强，是极好的造林先锋树种。树形优美，花色紫红绚丽，果形独特，秋叶变黄，具有很高的观赏价值，是优良的园林绿化树种。

保护等级：国家二级保护野生植物。

146 银叶树

Heritiera littoralis Dryand.

科名 锦葵科

属名 银叶树属

形态特征： 常绿乔木。树皮灰黑色。叶革质，长圆状披针形、椭圆形或卵形，长10~20厘米，宽5~10厘米，下面密被银白色鳞秕。圆锥花序腋生；花小，红褐色。果木质，坚果状，近椭圆形，光滑，形如饺子，干时黄褐色。花期夏季。

野生分布及生境： 深圳以及台山、海丰。生于海岸附近，少见。

树种特性及适宜环境： 喜光，喜温暖湿润气候，耐盐碱，耐水涝，抗风。适应性强，既能生长在潮间带，又能生长在陆地上。

适宜区域及绿化类型： 广东适合荒山、平原、城市、乡村、通道和水系绿化。

用途及价值： 优良的庭园树和沿海防护林树种，板根干基稳如泰山，开花时节，满树红花，银叶纷飞，极为引人注目。木材坚硬，耐腐，为建筑、船舶和家具的良材。

147 破布叶（布渣叶）

Microcos paniculata L.

科名 锦葵科

属名 破布叶属

形态特征： 灌木或小乔木。树皮粗糙，嫩枝有毛。叶厚纸质，卵状长圆形，长 8~18 厘米，宽 4~8 厘米，顶端渐尖，基部圆形，边缘有细钝齿，有基出脉 3 条。顶生圆锥花序，被星状柔毛；萼片外面有毛；花瓣 5 枚，淡黄色，长圆形；雄蕊多数。核果近球形或倒卵形，长约 1 厘米，果柄短，成熟时黑褐色。花期 5~7 月，果期 7~12 月。

野生分布及生境： 广东各地均有分布。生于山坡、沟谷及路边灌丛中，常见。

树种特性及适宜环境： 喜温暖湿润气候，稍耐旱，不耐涝。对土壤要求不严，以排水良好、土层深厚而肥沃的壤土栽培为宜。

适宜区域及绿化类型： 广东适合荒山、平原、城市和乡村绿化。

用途及价值：《中华人民共和国药典》（2020 年版）收录，干燥叶入药，名“布渣叶”，具有消食化滞、清热利湿的功效，主治饮食积滞、感冒发热、湿热黄疸等症。国家卫生健康委员会公布的药食两用植物，是制作保健凉茶的主原料之一，被誉为“凉茶瑰宝”。

148 翻白叶树

Pterospermum heterophyllum Hance

科名 锦葵科

属名 翅子树属

形态特征：常绿乔木。叶二型，生于幼树或萌蘖枝上的叶盾形，直径约 15 厘米，掌状 3~5 裂；成长叶矩圆形至卵状矩圆形，长 7~15 厘米，宽 3~10 厘米，顶端钝、急尖或渐尖，基部钝、截形或斜心形，下面密被黄褐色短柔毛。花单生或 2~4 朵组成腋生的聚伞花序；萼片 5 枚；花瓣 5 枚，青白色，与萼片等长。蒴果木质，矩圆状卵形，被黄褐色茸毛，开裂。种子具膜质翅。花期秋季。

野生分布及生境：茂名、阳江、肇庆、清远、广州、深圳、河源、韶关以及徐闻、新兴、惠阳、博罗、南澳、大埔等地。生于山地林中，常见。

树种特性及适宜环境：适宜在热带气候条件下生长，偏好充足的阳光和排水良好的沙质土或壤土，能够耐受较高的温度和湿度。

适宜区域及绿化类型：广东适合平原、城市和乡村绿化。

用途及价值：树冠广卵形，高大雄伟，叶形多变，是优良的庭院观赏树种。根有药用价值，为治疗风湿性关节炎的药材，可泡酒或煎汤服用。枝皮可编制绳索，也可以放养紫胶虫。木材纹理通直，适宜制造家具、文具及天花板等，木材纤维可用于造纸。

149 两广梭罗

Reevesia thyrsoidea Lindl.

科名 锦葵科

属名 梭罗树属

形态特征：常绿乔木。叶革质，矩圆形、椭圆形或矩圆状椭圆形，长5~7厘米，宽2.5~3厘米，顶端急尖或渐尖，基部圆形或钝；叶柄长1~3厘米，两端膨大。聚伞状伞房花序顶生，花密集；萼钟状，长约6毫米，5裂，外面被星状短柔毛；花瓣5枚，白色，匙形，长约1厘米，略向外扩展。蒴果矩圆状梨形，有5棱，长约3厘米，被短柔毛。种子连翅长约2厘米。花期3~4月。

野生分布及生境：阳江、云浮、肇庆、广州、珠海、深圳、惠州、梅州、河源以及信宜、台山、英德、饶平、新丰。

树种特性及适宜环境：喜欢充足的阳光和温暖的环境，以及排水良好且富含养分的土壤，也能耐受一定程度的半阴和湿润环境。

适宜区域及绿化类型：广东适合平原、城市和乡村绿化。

用途及价值：花开繁盛，具有较高的观赏价值。根皮可入药，用于治疗风湿疼痛和跌打损伤等症。木材坚硬、纹理直且结构细腻，适合作轻工业材料、板材和室内装饰使用。纤维可作为良好的造纸原料，也可用于制作绳索和编织麻袋等。

150 假苹婆（鸡冠木、九层皮）

Sterculia lanceolata Cav.

科名 锦葵科

属名 苹婆属

形态特征：常绿乔木。单叶互生，近革质，椭圆形至披针形，长 9~20 厘米，宽 3.5~8 厘米，全缘；叶柄两端膨大。圆锥花序腋生，密集且多分枝；无花瓣，萼片 5 枚，淡红色，向外开展如星状。蓇葖果成熟时鲜红色。种子黑褐色，直径约 1 厘米，椭圆状卵形，可食用。花期 4~5 月，果期 8~9 月。

野生分布及生境：茂名、阳江、江门、云浮、肇庆、清远、广州、珠海、深圳、惠州以及徐闻、廉江、南海、南澳、乳源。喜生于山谷溪旁，常见。

树种特性及适宜环境：喜光，喜温暖湿润气候，不耐寒，不耐干旱，抗风、抗火性强。

适宜区域及绿化类型：广东适合荒山、平原、城市、乡村和通道绿化。

用途及价值：树冠浓密，树形优美，花、果观赏效果俱佳，宜作风景树和行道树。种子富含淀粉和脂肪，可炒熟或煮熟食用，也可榨油。根和叶均可入药，具有祛风活血、舒筋活血的功效。

151 苹婆（凤眼果）

Sterculia monosperma Vent.

科名 锦葵科

属名 苹婆属

形态特征： 常绿乔木。叶薄革质，矩圆形或椭圆形，长 8~25 厘米，宽 5~15 厘米，顶端急尖或钝，基部圆钝。圆锥花序，柔弱且披散，长达 20 厘米；花梗长；花萼乳白色至淡红色，长约 1 厘米，5 裂，裂片条状披针形，顶端渐尖且向内曲，在顶端黏合，与钟状萼筒等长；雄花较雌花多。蓇葖果鲜红色，厚革质，矩圆状卵形，长约 5 厘米，宽 2~3 厘米。种子椭圆形或矩圆形，黑褐色，直径约 1.5 厘米。花期 4~5 月。

野生分布及生境： 茂名、肇庆、广州、中山以及博罗等地多有栽培。

树种特性及适宜环境： 喜光，亦耐阴；喜温暖湿润气候，耐寒性较差；喜生于排水良好的肥沃土壤。

适宜区域及绿化类型： 粤西、珠三角适合城市、乡村和通道绿化。

用途及价值： 木材轻韧，可用于制作器具，树皮纤维是造纸、制绳索和麻袋的原料。种子不仅可直接食用，还具有温胃杀虫、健脾止泻、清热解毒的药用功效。树形美观，树冠浓密，果色鲜红，是优良的遮阴树、行道树和观赏树种。

152 黄槿

Hibiscus tiliaceus Linn.

科名 锦葵科

属名 木槿属

形态特征： 常绿小乔木。叶革质，近圆形或阔卵形，长 7~15 厘米，顶端急尖或短渐尖，基部心形，全缘或叶缘具细圆齿；托叶近长椭圆形，初时包围叶芽呈鞘状。花单朵腋生或数朵排成总状花序；苞片 2 枚，外形如同托叶；花萼钟状，5 裂；花冠黄色，中央暗紫色。蒴果椭圆状或近球形，长 2~2.5 厘米，具短喙，外果皮脆骨质，薄，密被黄色柔毛。花期 6~10 月。

野生分布及生境： 阳江、肇庆、广州、珠海、深圳以及徐闻、电白、陆丰、海丰、南澳等地。生长或栽培于港湾或潮水能达到的河、涌堤岸或灌木丛中，常见。

树种特性及适宜环境： 喜光，稍耐阴，适应性强，对土壤要求不高，在肥沃、湿润、排水良好的土壤中生长茂盛。

适宜区域及绿化类型： 粤西、珠三角适合城市、乡村、通道和海岸绿化。

用途及价值： 沿海地区优良的防风固沙树种。木材坚硬致密、耐腐，是建筑、船舶及家具制作的优质材料。树皮可制绳索。嫩叶可食用。叶和根具有清热止咳、解毒消肿的药用功效。

153 桐棉（杨叶肖槿）

Thespesia populnea (Linn.) Solander ex Corrêa

科名 锦葵科

属名 桐棉属

形态特征： 常绿小乔木。嫩枝密被褐色鳞秕。叶卵形或圆心形，长 8~15 厘米，顶端长渐尖，基部心形，全缘。花单生，花梗长 2.5~5 厘米，花冠黄色，盛开后逐渐变成淡紫红色。蒴果近球形，直径 2~3 厘米，不开裂。花期几乎全年。

野生分布及生境： 湛江、珠海、深圳以及电白、惠东、海丰等地。常生于海边林中和海岸向阳处，少见。

树种特性及适宜环境： 耐盐碱，适应性强，能在海边沙地或河岸湿地等环境中较好生长。能承受较强的阳光照射，也耐受一定程度的干旱和贫瘠土壤条件。

适宜区域及绿化类型： 粤西、珠三角、粤东适合平原、城市、乡村绿化以及海岸绿化。

用途及价值： 花色鲜艳，花果期较长，优秀的观赏树种，常用于园林绿化。树皮、根和种子可以用于治疗皮肤病等。木材轻软，可用于制作器具或作造纸原料。果实纤维可作编织原料。是海岸防护林的重要物种之一。

154 土沉香（白木香）

Aquilaria sinensis (Lour.) Spreng.

科名　瑞香科

属名　沉香属

形态特征：常绿乔木。叶近革质，卵形、倒卵形至椭圆形，长 5~10 厘米，宽 2~5 厘米，上面光亮，两面无毛，全缘。花芳香，黄绿色，多朵组成伞形花序。蒴果卵球形，2 瓣裂。种子褐色，卵球形，基部具有附属体。花期 3~5 月，果期 6~10 月。

野生分布及生境：阳江、广州、中山、珠海、深圳、惠州以及新会、高要、新丰。生于中海拔和丘陵地带，少见。

树种特性及适宜环境：喜阴，喜潮湿，耐高温但不耐寒冷。对土壤要求不高。

适宜区域及绿化类型：粤西、珠三角适合荒山、平原、城市、乡村绿化。

用途及价值：老茎受伤后所积得的树脂，俗称“沉香”，可作香料原料，并为治胃病特效药。木质部可提取芳香油，花可制浸膏。枝叶浓密，叶厚而光亮，果亦可赏，适宜庭园种植。

保护等级：国家二级保护野生植物。

155 伯乐树（钟萼木）

Bretschneidera sinensis Hemsl.

科名 叠珠树科

属名 伯乐树属

形态特征： 落叶乔木。小枝有皮孔。叶互生，奇数羽状复叶有小叶 7~15 片，通常长圆状披针形或卵状披针形，长 6~26 厘米，宽 3~9 厘米，全缘，叶背粉绿色或灰白色，有短柔毛。总状花序顶生，直立，长 20~36 厘米；花淡红色，直径约 4 厘米。蒴果椭圆球形至近球形，直径 2~3.5 厘米；果瓣厚，木质；果柄长 2.5~3.5 厘米。花期 3~9 月，果期 5 月至翌年 4 月。

野生分布及生境： 阳江、清远、韶关以及信宜、新兴、封开、从化、龙门、和平、连平。常生于山坡或山谷林中，罕见。

树种特性及适宜环境： 中性偏喜光，幼树耐阴，喜温凉湿润气候，稍耐寒，不耐高温，抗风性较强，生长缓慢。

适宜区域及绿化类型： 粤北、珠三角适合荒山、平原、城市、乡村和通道绿化。

用途及价值： 木材纹理通直，结构纤细，色纹美观，易加工，不翘不裂，适于作家具、胶合板等用材。树干通直，春季满树艳丽的粉红色花朵，入秋挂满红色果实，观赏性强，可作庭院绿化树种。树皮和根皮入药，捣烂外敷，有祛风活血、驳骨消肿等功效。

保护等级： 国家二级保护野生植物。

156 树头菜（单色鱼木）

Crateva unilocularis Buch.-Ham.

科名 山柑科

属名 鱼木属

形态特征： 落叶乔木。掌状复叶有小叶 3 片，小叶卵圆形、椭圆形或卵状披针形，长 7~12 厘米，宽 3~5 厘米，顶端渐尖或长渐尖，基部楔形，侧生小叶偏斜；叶柄长 4.5~8 厘米。花期树上有叶；伞房花序顶生；花瓣 4 枚，黄白色，有爪。果近球形，直径 2.5~4 厘米；果时花梗、花托和雌蕊柄均木质化增粗。种子多数，光滑。花期春季，果期夏秋季。

野生分布及生境： 广东南部地区。生于林中及较阴湿处。

树种特性及适宜环境： 喜温暖湿润气候，稍耐寒，不耐高温，抗风力较强，生长缓慢。

适宜区域及绿化类型： 粤西、珠三角适合城市、乡村及通道绿化。

用途及价值： 盛开时花量大，素雅清新，观赏效果佳。木材黄白色，轻软，可供家具、乐器、模型等用材。叶为健胃药，有取嫩叶盐渍食用的做法，故名“树头菜”。

157 喜树

Camptotheca acuminata Decne.

科名 蓝果树科

属名 喜树属

形态特征： 落叶乔木。树皮灰色或浅灰色，纵裂成浅沟状。嫩枝紫绿色。叶互生，纸质，椭圆形至卵状长圆形，长 8~25 厘米，宽 6~12 厘米，全缘。头状花序近球形，常由 2~9 个头状花序组成圆锥花序；花杂性，同株；花瓣淡绿色。翅果，两侧具窄翅。花期 5~7 月，果期 9 月。

野生分布及生境： 肇庆、清远、广州、韶关以及揭西、丰顺、紫金、和平。生于山地林中，少见。

树种特性及适宜环境： 在石灰岩风化的钙质土壤和板页岩形成的微酸性山地土壤中生长良好，喜温暖湿润，不耐寒、不耐旱。

适宜区域及绿化类型： 粤北、粤东、珠三角适合荒山、平原、乡村和通道绿化。

用途及价值： 树干挺直，为速生丰产的优良树种，也可作庭园树或行道树。木材轻软，适于作造纸原料，或用于胶合板、室内装修、日常用具等。果实、根、树皮、枝叶含有喜树碱，具抗癌、清热杀虫的功效。

158 光皮梾木（光皮树）

Cornus wilsoniana Wangerin

科名　山茱萸科

属名　山茱萸属

形态特征： 落叶灌木或乔木。树皮光滑。叶对生，纸质，椭圆形或卵状椭圆形，长6~12厘米，宽2~5.5厘米，边缘波状。圆锥状聚伞花序顶生，花小，白色，花瓣4枚，条状披针形至披针形。核果紫黑色至黑色，球形，直径6~7厘米，成熟时蓝黑色。花期4~5月，果期9~10月。

野生分布及生境： 清远以及乳源、乐昌。生于海拔130~1130米的森林中，少见。

树种特性及适宜环境： 喜光，耐寒，喜深厚、肥沃而湿润的土壤，在酸性土及石灰岩土均可生长良好。

适宜区域及绿化类型： 粤北适合荒山和平原绿化。

用途及价值： 木本油料植物，食用价值较高。叶为良好的绿肥原料。木材坚硬，为家具及农具的良好用材。树形美观，寿命较长，为良好的绿化树种。

159 紫荆木

Madhuca pasquieri (Dubard) Lam

科名 山榄科

属名 紫荆木属

形态特征：常绿大乔木。树皮灰黑色，具乳汁。叶互生，星散或密聚于分枝顶端，革质，倒卵形或倒卵状长圆形，长6~16厘米，宽2~6厘米，顶端阔渐尖而钝头或骤然收缩，基部阔渐尖或尖楔形，两面无毛。花数朵簇生叶腋；花萼4裂；花冠黄绿色。果椭圆形或球形，长2~3厘米，宽1.5~2厘米，顶端具宿存、花后延长的花柱。花期7~9月，果期10月至翌年1月。

野生分布及生境：茂名、阳江、江门、清远。生于山地常绿阔叶林种，少见。

树种特性及适宜环境：喜光，喜温暖湿润气候。适生于红壤、砖红壤性红壤、石灰土等土壤。

适宜区域及绿化类型：粤西、珠三角适合荒山、平原、城市和乡村绿化。

用途及价值：珍贵的用材树种和油料植物。木材坚重，耐水湿，可供建筑用。树冠挺拔雄伟，适合庭园观赏。

保护等级：国家二级保护野生植物。

蜡烛果（桐花树）

Aegiceras corniculatum (Linn.) Blanco

科名　报春花科

属名　蜡烛果属

形态特征： 常绿灌木或小乔木。隐胎生，有膝根及支柱根。叶互生，近对生于枝条顶端，革质，倒卵形、椭圆形，长 3~10 厘米，宽 2~4.5 厘米，顶端圆形或微凹，基部楔形，全缘，有泌盐现象；叶柄带红色。伞形花序生于枝顶；花冠白色，花时反折。蒴果圆柱形，锐尖，弯如牛角，长约 6 厘米；宿存萼片紧包基部。花期 12 月至翌年 1~2 月，果期 10~12 月。

野生分布及生境： 湛江、阳江、广州、珠海、深圳、东莞、汕头以及台山、新会、陆丰、海丰、惠来、饶平等地。生于沿海潮水涨落的污泥滩上及珠江口等河流入海口的污泥滩边，常见。

树种特性及适宜环境： 喜温暖湿润气候，性喜高温，生长适温为 20~30℃。适生于湿润肥沃土壤，有淡水调节的滩涂上生长更好。

适宜区域及绿化类型： 广东沿海地区适合滩涂绿化。

用途及价值： 沿海生态景观林带树种。树皮可提取栲胶。木材可用作薪炭柴。

161 密花树

Myrsine seguinii H. Lév.

科名 报春花科

属名 铁仔属

形态特征：常绿大灌木或小乔木。叶片革质，长圆状倒披针形至倒披针形，长 7~17 厘米，宽 1.3~6 厘米，顶端急尖或钝，基部楔形，全缘，侧脉不明显。伞形花序或花簇生；花瓣白色或淡绿色，基部连合，花时反卷，长 3~4 毫米，具腺点，密被乳头状凸起。果球形或近卵形，直径 4~5 毫米，灰绿色或紫黑色。花期 4~5 月，果期 10~12 月。

野生分布及生境：茂名、阳江、云浮、肇庆、清远、广州、珠海、深圳、惠州、梅州、韶关以及雷州、揭西、饶平、和平。生于海拔 100~1000 米的混交林或苔藓盛生的林中，亦见于林缘、路旁灌木丛中，常见。

树种特性及适宜环境：适应性强，能够在较为湿润的环境中生长，对土壤要求不高。

适宜区域及绿化类型：广东适合平原、城市和乡村绿化。

用途及价值：木材坚硬，适合制作工具等。根煎水服用，可治疗膀胱结石。树皮含有较高鞣质。叶子可用于外伤敷贴。

162 杜鹃红山茶

Camellia azalea C. F. Wei

科名 山茶科

属名 山茶属

形态特征： 常绿灌木或小乔木。株型紧凑，分枝密。叶互生，革质，狭倒卵形至倒披针形，长 7~11 厘米，宽 2~3.5 厘米，顶端圆钝，基部楔形，全缘。花艳红色或粉色，无花梗，单生枝顶，或 2~5 朵聚生于小枝顶端，直径 8~10 厘米，花瓣 6~9 枚。蒴果卵球形、纺锤形或圆锥形，2~4 室，每室 2 粒种子，成熟时果实裂开。花期几近全年。

野生分布及生境： 特产阳春（河尾山）。生于海拔约 200 米的河边，少见。

树种特性及适宜环境： 喜光，喜温暖湿润气候。适生于微酸性红壤。

适宜区域及绿化类型： 广东适合城市、乡村和通道绿化。

用途及价值： 枝繁叶茂，花娇艳夺目，风姿独特，是绿化、美化环境的优良树种，适宜种植于庭院、公园。

保护等级： 国家一级保护野生植物。

163 高州油茶（越南油茶）

Camellia drupifera Lour.

科名 山茶科

属名 山茶属

形态特征：常绿灌木或小乔木。嫩枝无毛。叶革质，椭圆形，长 5~8 厘米，宽 3~4.5 厘米，顶端锐尖，基部钝或圆形，边缘有细钝齿。花白色，有香气，直径 6~7.5 厘米。蒴果近球形，直径 4~7 厘米，3~5 爿裂开。花期 12 月。

野生分布及生境：徐闻、电白、高州、阳春。生于山地林中，少见。

树种特性及适宜环境：喜光，可耐半阴，耐热、耐高温。喜酸性土壤，对土壤肥力要求不高。

适宜区域及绿化类型：广东适合丘陵绿化。

用途及价值：单株产量高，种子富含油脂，可以提炼出高质量的食用油。茶枯饼在工业上也有广泛应用，可以用作农药和肥料等。前期生长迅速，适合作砧木使用。

用种来源：良种，包括‘湾誉 1 号’‘湾誉 2 号’‘湾誉 3 号’‘湾誉 4 号’‘湾誉 5 号’‘悦木 79 号’‘悦木 103 号’‘悦木 201 号’‘悦木 307 号’‘璠龙 3 号’‘璠龙 5 号’‘美林 1 号’‘美林 2 号’‘美林 3 号’‘美林 4 号’，以及国家或省级品种审定委员会更新推荐的审（认）定良种等。

164 油茶（普通油茶）

Camellia oleifera C.Abel

科名 山茶科

属名 山茶属

形态特征：常绿灌木或小乔木。嫩枝有长毛。叶革质，椭圆形或倒卵形，长4~7厘米，宽2~4厘米，上面深绿色，发亮，边缘有细锯齿。花顶生，苞片与萼片由外向内逐渐增大；花瓣白色，5~7枚，顶端凹入或2裂。蒴果球形或卵圆形，果爿木质。种子褐色，有光泽。花期6~8月，果期9~12月。

野生分布及生境：茂名、江门、深圳、韶关以及信宜、阳春、郁南、封开、英德、连州、佛冈、阳山、从化、东莞、惠东、丰顺、五华、紫金等地。广东山区各县多栽培。

树种特性及适宜环境：喜光，喜温暖湿润气候，不耐寒冷，要求年平均气温16~18℃，年降水量一般在1000毫米以上环境。适生于坡度和缓、侵蚀作用弱的地方，对土壤要求不高，在排水良好、深厚肥沃的微酸性壤土中长势最好。

适宜区域及绿化类型：广东适合丘陵绿化。

用途及价值：茶油营养丰富，是优质的食用油。油茶中的茶多酚具有抗氧化作用，可以清除人体内的自由基，延缓皮肤老化速度。除了食用，油茶在日化、医药、化工等方面均有良好的应用前景。

用种来源：良种，包括‘岑软2号’‘岑软3号’‘粤韶75-2’‘粤韶77-1’‘粤韶74-1’‘湘林1’‘湘林XLC15’‘长林40号、‘赣州油1号’‘赣兴48’‘粤连74-4’‘粤连74-5’‘粤华1号’油茶，以及国家或省级品种审定委员会更新推荐的审（认）定良种等。

165 南山茶（广宁红花油茶、广宁红山茶）

Camellia semiserrata Chi

科名 山茶科

属名 山茶属

形态特征：常绿乔木。叶革质，椭圆形至倒卵形，长9~15厘米，宽3~8厘米，顶端急尖，基部阔楔形，叶边缘上部具锐锯齿。单花顶生或腋生，花粉红色至红色；花瓣6~7片，红色，阔倒卵圆形，长4~5厘米；雄蕊排成5轮。蒴果卵球形，直径4~7厘米，3~5室，每室有种子1~3粒；果皮厚木质，红色，光滑。花期冬季中期至翌年春季。

野生分布及生境：广东西江沿岸，东至从化。生于土壤湿润、含腐殖质丰富的山地。

树种特性及适宜环境：喜半阴，不耐热，耐寒。喜酸性、土层深厚、肥沃的土壤。

适宜区域及绿化类型：广东适合丘陵、平原、城市、乡村和通道绿化。

用途及价值：南山茶是红花油茶栽培种中果实最大、果壳最厚，集食用、药用和观赏功能于一体的广东特色油茶树种，具有显著的经济和生态价值。不仅可以赏花观果，其茶籽油富含维生素E和山茶苷等多种生理活性物质，不饱和脂肪酸含量可达90%以上，是一种优质保健食用植物油。相比其他茶籽油，南山茶籽油触感细腻，易吸收，具有美容养颜的功效。

166 大头茶

Polyspora axillaris (Roxb. ex Ker Gawl.) Sweet

科名 山茶科

属名 大头茶属

形态特征： 常绿乔木。嫩枝粗大。叶厚革质，倒披针形，长6~14厘米，宽2.5~4厘米，顶端圆形或钝，基部狭窄而下延，侧脉不明显，无毛；通常全缘；叶柄长1~1.5厘米，粗大。花生于枝顶叶腋，直径7~10厘米，白色，花柄极短；花瓣5枚。蒴果长2.5~3.5厘米，5爿裂开。种子长1.5~2厘米。花期10月至翌年1月。

野生分布及生境： 阳江、江门、广州、珠海、深圳以及电白、惠东、惠阳、五华、紫金。生于山地次生林中或灌丛中，常见。

树种特性及适宜环境： 喜光，喜温暖气候，耐寒，抗风。适应性强。对土壤要求不高，在肥沃、湿润土壤生长好，耐干旱瘠薄。

适宜区域及绿化类型： 广东适合荒山、城市、乡村和通道绿化。

用途及价值： 可作贫瘠山地的先锋造林树种，也可作庭园绿化观赏树种和行道树。果实可温中止泻。

167 石笔木（大果核果茶）

Pyrenaria spectabilis (Champ.) C. Y. Wu & S. X. Yang

科名 山茶科

属名 核果茶属

形态特征： 常绿乔木。嫩枝无毛。叶薄革质，椭圆形，长 11~17 厘米，宽 4.5~6 厘米，顶端渐尖，基部楔形，边缘有锯齿。花单生于枝顶叶腋，白色，直径 4~5 厘米；苞片 2 枚，阔卵形；萼片 10 枚，圆形；花瓣 5 枚，倒卵圆形，长 2~2.5 厘米，外面有绢毛。蒴果近圆形，直径 2~2.5 厘米，3~4 爿裂开，有褐毛。种子每室 2~3 个。花期 8~9 月。

野生分布及生境： 肇庆、广州、珠海、深圳、惠州、梅州、韶关以及化州、信宜、阳春、新会、郁南、海丰、饶平。生于山谷林下，常见。

树种特性及适宜环境： 喜适度光照和温暖湿润的环境，适应和抗逆性较强。适合生长在肥沃、排水良好的酸性土壤中。

适宜区域及绿化类型： 粤东、粤西、粤北适合丘陵、平原、城市和乡村绿化。

用途及价值： 树干通直，木材结构细密均匀，强度适中，是优质的用材树种。果实富含蛋白质、脂肪、茶多酚、维生素 E 和维生素 C 等成分，具有较高的经济价值。花色清丽，适合作庭院中的观赏树种。根、叶具药用价值。

168 木荷（荷木）

Schima superba Gardn. et Champ.

科名 山茶科
属名 木荷属

形态特征： 常绿大乔木。叶革质或薄革质，椭圆形，长 7~12 厘米，宽 4~6 厘米，顶端尖，基部楔形，边缘有钝齿。花生于枝顶叶腋，常多朵排成总状花序，花瓣白色。蒴果近球形，直径 1.5~2 厘米。花期 6~8 月。

野生分布及生境： 广东各地低海拔次生林中常见。

树种特性及适宜环境： 喜光，幼树稍耐阴。适生于土壤比较深厚的山坡中部以下地带。

适宜区域及绿化类型： 广东适合荒山、平原和通道绿化。

用途及价值： 木质坚硬致密，纹理均匀，不开裂，易加工，是上等的用材树种。在亚热带常绿林里是建群种，在荒山灌丛是耐火的先锋树种。

用种来源： 良种，包括木荷家系（Ss-001、Ss-002、Ss-005、Ss-006、Ss-007、Ss-008、Ss-009、Ss-010），以及国家或省级品种审定委员会更新推荐的审（认）定良种等。

169 猪血木（阳春红檀）

Euryodendron excelsum H. T. Chang

科名 五列木科

属名 猪血木属

形态特征：常绿乔木。树皮平滑，灰白色。除顶芽和花外，全株无毛。叶互生，薄革质，长圆形，长 5~10 厘米，宽 2~4.5 厘米，边缘有细锯齿。花 1~3 朵簇生于叶腋或生于无叶的小枝上，白色，直径 5~6 毫米；花瓣 5 枚。果卵圆形，浆果状，成熟时蓝黑色，直径 3~4 毫米。种子圆肾形，褐色。花期 5~8 月，果期 10~11 月。

野生分布及生境：星散分布于阳春（八甲村）。生于海拔 100~400 米的低丘疏林中或村旁林缘。

树种特性及适宜环境：偏好阴凉、湿润环境。在肥沃湿润的酸性土壤中生长良好，幼苗对土壤养分较敏感，过高和过低的养分均会抑制幼苗生长。

适宜区域及绿化类型：粤西、珠三角适合平原、城市和乡村绿化。

用途及价值：木材结构细致，不裂不翘，心材美观，可作为造船及建筑用材。

保护等级：国家一级保护野生植物。

赤杨叶（拟赤杨）

Alniphyllum fortunei (Hemsl.) Makino

科名 安息香科

属名 赤杨叶属

形态特征：落叶乔木。树皮灰褐色。叶椭圆形、宽椭圆形或倒卵状椭圆形，通常长 8~15 厘米，宽 4~7 厘米，边缘具锯齿。总状花序或圆锥花序，有花 10~20 多朵；花白色或粉红色，长 1.5~2 厘米；花冠裂片长椭圆形，顶端钝圆。果实长椭圆形，长 10~18 毫米，直径 6~10 毫米，外果皮干时黑色，成熟时 5 瓣裂。种子多数，两端具不等大膜质翅。花期 4~7 月，果期 8~10 月。

野生分布及生境：广东各地山区县均有分布。生于海拔 600~1000 米林中，常见。

树种特性及适宜环境：喜光，适应性较强。对水分需求较高，适合生长在水分充足的土壤中。栽培土壤质地以沙土、沙壤土和轻壤土最为合适。

适宜区域及绿化类型：广东适合荒山绿化。

用途及价值：木材通直，材质轻软，易于加工和干燥，但不耐腐蚀，是制造火柴杆和造纸的理想材料，也可以用于轻工制品、高质量轻型家具以及各类板材和模型的制作等。此外，也可以作为白木耳栽培用树。

171 吊钟花（铃儿花、灯笼花）

Enkianthus quinqueflorus Lour.

科名 杜鹃花科

属名 吊钟花属

形态特征：常绿灌木或小乔木，多分枝。叶常密集生于枝顶，互生，革质，长圆形或倒卵状长圆形，长5~10厘米，宽2~4厘米，顶端渐尖，基部渐狭而成短柄，叶脉明显。花通常3~8朵组成伞房花序，从枝顶红色大苞片内生出；花梗花期红色，下垂；花萼5裂；花冠宽钟状，长约1.2厘米，粉红色或红色，口部5裂，微反卷。蒴果椭圆形，具5棱，果梗直立。花期3~5月，果期5~7月。

野生分布及生境：广东大部分山区有分布。生于海拔400米以上的山坡灌丛中，少见。

树种特性及适宜环境：喜凉爽湿润、光照充足的环境，不耐炎热高温。适合种植在肥沃、富含腐殖质、排水良好的土壤中。

适宜区域及绿化类型：粤西、珠三角适合丘陵、平原、城市和乡村绿化。

用途及价值：以其下垂如铃的小花闻名，寓意吉祥，常用于室内装饰，在广东是著名的年宵花卉。花朵和叶片可入药，具有清热解毒、凉血止血的功效，可用于美容养颜、平肝明目及多种病症的辅助治疗。

172 映山红（杜鹃）

Rhododendron simsii Planch.

科名　杜鹃花科

属名　杜鹃花属

形态特征： 落叶灌木。分枝多而纤细，密被亮棕褐色扁平糙伏毛。叶革质，常集生枝端，卵形、椭圆状卵形至倒披针形，长1.5~5厘米，宽0.5~3厘米，顶端短渐尖，基部楔形或宽楔形，具细齿。花2~3朵簇生枝顶；花萼5深裂，花冠玫瑰色、鲜红色或暗红色，裂片5枚，倒卵形，上部裂片具深红色斑点；雄蕊10枚，花柱伸出花冠外，无毛。蒴果卵球形，长达1厘米，密被糙伏毛。花期4~5月，果期6~8月。

野生分布及生境： 广东大部分山区有分布。生于海拔400米以上的向阳疏林中或溪边，常见。

树种特性及适宜环境： 典型酸性土指示植物，喜凉爽、湿润、通风的半阴环境，不耐热，不耐寒。

适宜区域及绿化类型： 广东适合荒山、城市、乡村和通道绿化。

用途及价值： 著名的花卉植物，具有较高的观赏价值。

173 毛棉杜鹃花（毛棉杜鹃）

Rhododendron moulmainense Hook. f.

科名 杜鹃花科

属名 杜鹃花属

形态特征： 常绿灌木或小乔木。叶集生枝端，近于轮生，长圆状披针形或椭圆状披针形，长 5~12 厘米，稀达 26 厘米，宽 2.5~8 厘米，两面无毛；叶柄粗壮，无毛。数个伞形花序生于枝顶叶腋，每花序有花 3~5 朵；花冠淡紫色、粉红色或淡红白色，狭漏斗形，雄蕊 10 枚，不等长。蒴果圆柱状，无毛。花期 4~5 月，果期 7~12 月。

野生分布及生境： 云浮、肇庆、清远、深圳、东莞、惠州、梅州、河源、韶关以及信宜、从化。生于灌丛或疏林中，常见。

树种特性及适宜环境： 喜凉爽湿润气候，不耐酷热干燥。喜酸性土壤，忌碱性土壤。

适宜区域及绿化类型： 广东适合高海拔区域的荒山、乡村和通道绿化。

用途及价值： 花色艳丽，花量较多，可作园林绿化树种。

174 栀子（黄栀子）

Gardenia jasminoides J. Ellis

科名 茜草科

属名 栀子属

形态特征：常绿灌木。叶对生，革质，叶形多样，通常为倒卵状长圆形或椭圆形，长 3~25 厘米，宽 1.5~8 厘米；托叶膜质。花单生枝顶，芳香，花冠白色至奶黄色，常 6 裂。果成熟时黄色或橙红色，卵形至椭圆形，有翅状纵棱 5~9 条。种子多数。花期 5~8 月，果期 9~12 月。

野生分布及生境：广东山区各县均有分布。生于海拔 10~1500 米的旷野、丘陵、山谷、山坡、溪边的灌丛或林中，常见。

树种特性及适宜环境：喜温暖湿润气候，喜半阴，适宜生长在疏松、肥沃、排水良好、轻黏性酸性土壤中，抗有害气体能力强，萌芽力强，耐修剪。

适宜区域及绿化类型：广东适合荒山、平原、城市、乡村和通道绿化。

用途及价值：花大而美丽，可用作庭园和盆景观赏。果实药用，《中华人民共和国药典》（2020 年版）收录，具有泻火除烦、清热利湿、凉血解毒的功效。以栀子果为原料可加工成饮料、栀子果茶和栀子酒等。花可提制芳香浸膏。

用种来源：中药材 GAP 生产基地。

175 团花（黄梁木）

Neolamarckia cadamba (Roxb.) Bosser

科名 茜草科

属名 团花属

形态特征： 落叶大乔木。树干通直，枝平展。叶对生，薄革质，椭圆形或长圆状椭圆形，长 15~25 厘米，宽 7~12 厘米，顶端急尖，基部圆形或截平。头状花序单个顶生；花冠黄白色，漏斗状，无毛，花冠裂片披针形。果成熟时黄绿色。花果期 6~11 月。

野生分布及生境： 广州以及肇庆、博罗。生于山谷林下，少见。

树种特性及适宜环境： 速生，喜光，喜高温、湿润、向阳之地，耐热、耐旱。

适宜区域及绿化类型： 珠三角适合平原、城市、乡村和通道绿化。

用途及价值： 著名的速生树种，木材供建筑、制胶合板等用。主干通直，可作庭园绿化树或行道树。树皮和叶可入药，具有清热的功效。

176 海杧果（海芒果）①

Cerbera manghas Linn.

科名 夹竹桃科

属名 海杧果属

形态特征：常绿小乔木，高4~8米，含丰富的乳汁。叶厚纸质，倒卵状长圆形或倒卵状披针形，顶端钝，基部楔形，长6~40厘米，宽2.5~8厘米；叶脉在叶背凸起，侧脉在叶缘前网结；叶柄长2.5~5厘米。花白色，直径约5厘米，芳香；花冠圆筒形，喉部染红色。核果双生或单个，阔卵形或球形，未成熟绿色，成熟时橙黄色。花期3~10月，果期7月至翌年4月。

野生分布及生境：阳江、肇庆、广州、珠海、深圳以及徐闻、台山及沿海岛屿。生于海边或近海边湿润地方，少见。

树种特性及适宜环境：在近海及陆地均可生长，喜温暖、潮湿及充足阳光，多生于滨海的沙滩或泥滩上，常在高潮带或河口地段，杂生于红树林林缘。

适宜区域及绿化类型：粤西、珠三角适合城市、乡村、通道和海岸绿化。

用途及价值：树形优美，叶大花多，具有很高的观赏性，可用于海岸防潮和庭园栽培观赏。木材质地轻软，可用于制作箱柜、木屐和小型器具。树皮、叶和乳汁可提取催吐、下泻药物。

① 全株有毒，尤其是果实和果仁毒性最强，误食可能会导致中毒甚至死亡。

177 倒吊笔（广东倒吊笔）

Wrightia pubescens R.Br.

科名 夹竹桃科

属名 倒吊笔属

形态特征： 常绿乔木，含乳汁。树皮淡黄褐色，小枝密生皮孔。叶硬纸质，狭卵形至卵形，长 5~10 厘米，宽 3~6 厘米，顶端短渐尖，基部急尖至钝。聚伞花序长约 5 厘米，被柔毛；花冠漏斗形，白色或粉白色；副花冠呈流苏状；雄蕊伸出花喉之外。蓇葖果 2 个黏生，线状披针形，长 15~30 厘米。种子线状纺锤形，倒生，顶端具种毛。花期 4~8 月，果期 8~12 月。

野生分布及生境： 广东西南部。生于低海拔热带雨林中和亚热带疏林中，少见。

树种特性及适宜环境： 喜光，喜深厚、肥沃、湿润而无风的低谷地或平坦地土壤。

适宜区域及绿化类型： 粤西、珠三角适合荒山、城市、乡村和通道绿化。

用途及价值： 木材纹理通直，结构细致，材质稍软而轻，加工容易，干燥后不开裂、不变形，适于制作轻巧的高档家具、铅笔杆、图章、乐器等。树皮纤维可制人造棉及造纸。树形美观，可作栽培观赏树种。根、根皮和叶可药用，根可用于治颈淋巴结结核、风湿关节炎、慢性支气管炎、黄疸型肝炎、肝硬化腹水，叶可用于治疗感冒发热等。

178 厚壳树

Ehretia acuminata R. Br.

科名 紫草科

属名 厚壳树属

形态特征：落叶乔木。树皮黑灰色，条裂。小枝褐色，有明显的皮孔。叶椭圆形、倒卵形或长圆状倒卵形，长5~13厘米，宽4~6厘米，顶端尖，基部宽楔形，边缘有整齐的锯齿。聚伞花序圆锥状，长8~15厘米；花多数，密集，小，芳香；花冠白色，钟状，长3~4毫米，裂片长圆形，开展。核果黄色或橘黄色，近球形，直径3~4毫米。花期4~5月，果期6~7月。

野生分布及生境：茂名、阳江、清远、广州、惠州、韶关以及徐闻、台山、高要、饶平、龙川、和平。生于丘陵、平原疏林、山坡灌丛及山谷密林，常见。

树种特性及适宜环境：喜光，稍耐阴，喜温暖湿润的气候和深厚肥沃的土壤，耐寒，较耐瘠薄，根系发达，萌蘖性好，耐修剪。

适宜区域及绿化类型：广东适合荒山、平原、城市和乡村绿化。

用途及价值：可作行道树，供观赏。木材供建筑及家具用。树皮可作染料。嫩芽可供食用。叶、心材、树枝入药。

179 长花厚壳树

Ehretia longiflora Champ. ex Benth.

科名 紫草科

属名 厚壳树属

形态特征：落叶乔木。具条裂的黑灰色树皮；小枝有明显的皮孔。叶椭圆形、倒卵形或长圆状倒卵形，长 5~13 厘米，宽 4~6 厘米，边缘有整齐的锯齿。聚伞花序圆锥状；花多数，密集，小型，芳香；花冠钟状，白色，长 3~4 毫米，裂片长圆形，开展；雄蕊伸出花冠外。核果黄色或橘黄色，直径 3~4 毫米。花期 4 月，果期 6~7 月。

野生分布及生境：肇庆、清远、深圳、惠州、韶关以及信宜、阳春、增城、饶平、兴宁、龙川。生于海拔 300~900 米的山地路边、山坡疏林及湿润的山谷密林，常见。

树种特性及适宜环境：喜光，稍耐阴。适合在温暖的环境中生长，对水分的需求较高。偏好微酸性、深厚肥沃的土壤环境。

适宜区域及绿化类型：广东适合平原、城市和乡村绿化。

用途及价值：根可入药，味甘性温，入肝、肾二经，具有温经止痛的功效，常用于治疗产后腹痛。嫩叶稍有红色，可食，既可素炒，又可煮汤，味道鲜美，香脆可口，回味甜淡，其嫩叶也可代茶用。广东的陆河等地用其叶制作擂茶。

180 女贞

Ligustrum lucidum Ait.

科名 木樨科

属名 女贞属

形态特征： 常绿灌木或乔木。树皮灰色，光滑。叶对生，革质，卵形或卵状椭圆形，长6~17厘米，宽3~8厘米，全缘，表面深绿有光泽，背面淡绿色。圆锥花序顶生，小花密集，花白色、芳香。浆果状核果，蓝黑色间有赤色。花期5~7月，果期翌年5月。

野生分布及生境： 肇庆、清远、广州、韶关以及信宜、阳春、郁南、大埔、紫金、和平。生于海拔1600米以下疏、密林中，常见。

树种特性及适宜环境： 喜温暖湿润的气候，能够耐受一定程度的寒冷和水湿环境，但不耐贫瘠土壤，最适合在沙质壤土或黏质壤土中生长。

适宜区域及绿化类型： 粤北、粤东、珠三角适合平原、城市和乡村绿化。

用途及价值： 树形优美，枝叶茂密，夏季满树白花似雪，具有很好的观赏效果，宜作绿篱、绿墙，亦可作行道树。花可提取芳香油。种子油可制肥皂。果入药称“女贞子”，为强壮剂。叶具有解热镇痛的功效。木材细密，可供细木工用材。

181 海榄雌（白骨壤）

Avicennia marina (Forssk.) Vierh.

科名 爵床科

属名 海榄雌属

形态特征： 常绿灌木。树皮灰白色，因此又称白骨壤。小枝四方形，光滑无毛。叶片革质，卵形至倒卵形、椭圆形，长 2~7 厘米，宽 1~3.5 厘米，顶端钝圆，基部楔形，表面无毛，有光泽，背面有细短毛，有泌盐现象。聚伞花序密集成头状，花小，直径约 5 毫米；花萼顶端 5 裂，外面有茸毛；花冠橘黄色，顶端 4 裂；雄蕊 4 枚，花丝极短。蒴果，桃子状，直径约 1.5 厘米，有毛。花果期 7~10 月。

野生分布及生境： 湛江、阳江、深圳以及台山、惠东、海丰。生于海边盐沼地带，少见。

树种特性及适宜环境： 喜温暖湿润的气候，耐盐碱水湿，适应低温、高盐海边和盐沼地带。

适宜区域及绿化类型： 广东沿海地区适合滩涂绿化。

用途及价值： 滩涂造林先锋树种。果实俗称“榄钱”，可食用。树叶和树皮可入药。

182 赪桐（状元红）

Clerodendrum japonicum (Thunb.) Sweet

科名 唇形科

属名 大青属

形态特征：半落叶灌木。小枝四棱形。叶片圆心形，长 8~35 厘米，宽 6~27 厘米，边缘有小锯齿。圆锥花序，花萼红色，深 5 裂；花冠红色，顶端 5 裂；柱头与雄蕊均长突出于花冠外。果椭圆状球形，绿色或蓝黑色，宿萼增大，初包被果，后向外反折呈星状。花果期 5~11 月。

野生分布及生境：茂名、阳江、清远、广州、中山、深圳、韶关以及徐闻、新兴、高要、博罗、饶平、丰顺、大埔。生于林下和山溪边阴湿处，亦见于旷野或村边，常见。

树种特性及适宜环境：喜高温高湿气候，喜光，稍耐半阴。

适宜区域及绿化类型：广东适合平原、城市、乡村和通道绿化。

用途及价值：优良的庭院观赏植物，花艳丽如火，每朵花在盛开时花蕊突出花冠，犹如蟠龙吐珠，很是奇特。花期长，林下成片栽植效果极佳。全株可入药。

183 白花泡桐

Paulownia fortunei (Seem.) Hemsl.

科名　泡桐科

属名　泡桐属

形态特征：落叶乔木。树冠圆锥形，主干直。叶对生，卵状心形，长达20厘米，全缘或有时略呈波状。花序不分枝或仅有短侧枝，小聚伞花序具花3~8朵；花冠白色或浅紫色。蒴果长圆形，长6~9厘米，果皮木质，密被黄色星状毛。花期4~5月，果期8~10月。

野生分布及生境：茂名、云浮、肇庆、清远、惠州、梅州、韶关以及阳春、从化、和平。生于海拔100~1200米山坡、林中、山谷及荒地，常见。

树种特性及适宜环境：喜光，较耐阴，喜温暖气候，耐寒性不强，速生，适应性较强，耐重金属。

适宜区域及绿化类型：广东适合荒山、城市、乡村和通道绿化。

用途及价值：树干直，生长快，适应性较强；树姿优美，花朵较大，多呈淡紫色和白色，可作园林绿化树种。具有较好的抗大气污染的能力，是矿山修复绿化优良树种。

184 铁冬青（救必应）

Ilex rotunda Thunb.

科名 冬青科

属名 冬青属

形态特征：常绿乔木。当年生幼枝具纵棱。叶仅见于当年生枝上，卵形、倒卵形或椭圆形，长4~9厘米，宽1.8~4厘米，全缘，两面无毛。聚伞花序或伞形状花序，花白色。果近球形或椭圆形，直径4~6毫米，成熟时红色。花期4~5月，果期8~12月。

野生分布及生境：广东山区各县均有分布。生于海拔400~1100米的沟边、山坡常绿阔叶林及林缘，常见。

树种特性及适宜环境：耐阴树种。喜温暖湿润气候，耐旱、耐贫瘠、耐霜冻，抗病虫害能力强。适应性强，对土壤要求不严格，在疏松肥沃、排水良好的酸性土壤中长势最好。

适宜区域及绿化类型：广东适合荒山、平原、城市、乡村和通道绿化。

用途及价值：树皮入药，具有清热解毒、利湿止痛的功效。四季常绿，秋后红果累累，是优良的观果树种，适合作园景树、行道树或观果盆景。木材可作细工用材。

用种来源：中药材GAP生产基地。

185 珊瑚树（早禾树）

Viburnum odoratissimum Ker-Gawl.

科名 荚蒾科

属名 荚蒾属

形态特征：常绿灌木或小乔木。叶革质，椭圆形至矩圆形或矩圆状倒卵形至倒卵形，长7~20 厘米，顶端短尖至渐尖而钝头，边缘上部具不规则浅波状锯齿或近全缘。圆锥花序；花冠白色，后变黄色，有时微红，辐状，直径约 7 毫米。果实先红色后变黑色，卵圆形或卵状椭圆形，长约 8 毫米。花期 4~5 月，果熟期 7~9 月。

野生分布及生境：茂名、阳江、云浮、肇庆、清远、韶关以及徐闻、廉江、从化、博罗、饶平、丰顺、大埔、紫金。生于山谷密林中、溪涧旁荫蔽处、疏林中向阳地或平地灌丛中，常见。

树种特性及适宜环境：喜光，喜温暖，稍耐阴，稍耐寒。在潮湿、肥沃的中性土壤中生长迅速，也能适应酸性或微碱性土壤。

适宜区域及绿化类型：广东适合丘陵、平原、城市、乡村和通道绿化。

用途及价值：花淡雅，果红，形如珊瑚，绚丽可爱，是常见的绿化树种；也可用作高大绿篱，有隔音、隔烟尘、隔火的效果。木材可作细工的原料。根和叶入药，嫩叶捣汁外敷，可治疗跌打肿痛和骨折。

186 幌伞枫

Heteropanax fragrans (Roxb.) Seem.

科名 五加科

属名 幌伞枫属

形态特征：常绿乔木。叶大，三至五回羽状复叶，宽达 0.5~1 米；小叶纸质，对生，椭圆形，长 6~12 厘米，宽 3~6 厘米，顶端短渐尖，基部楔形，全缘；叶柄长 15~30 厘米，小叶柄长 1 厘米。圆锥花序顶生，长 30~40 厘米；小伞形花序头状，直径约 1.2 厘米，有花多数；花淡黄白色，芳香。果实卵球形，略侧扁。种子扁椭圆形。花期 3~4 月，果期冬季。

野生分布及生境：广东各县均有分布。低山及平原地区常见。

树种特性及适宜环境：喜光，喜温暖湿润气候，亦耐阴，不耐寒，较耐干旱贫瘠，在肥沃和湿润的土壤上生长较好。生长快，寿命长。

适宜区域及绿化类型：广东适合城市、乡村和通道绿化。

用途及价值：主干通直，树冠圆整，观赏价值高，可用于园林、庭园绿化。木材较轻，纹理直，结构适中，宜作室内装修及箱盒等用材。以根、树皮入药，可清热解毒、活血消肿、止痛。

中文名索引

Z

学名索引

D

E

F

G

H

I

J

K

L

T

V

W

Z